内衣结构设计教程
（第2版）

印建荣　常建亮　编著

中国纺织出版社有限公司

内 容 提 要

本书再版，在知识结构上，重点增加了结构设计实例部分，删减了一些技术关联较弱的章节。根据十几年来的科技进步，本书在技术上，不仅一如既往地强调综合性、全面性和启发性，而且对先进的工艺有了更多的探讨和研究。书中的结构设计方法、纸样放码方法，突出实用、简洁、明了、精确的特点，使读者学成后能够灵活变化、举一反三。针对不同的情境，本书采用不同的制图方法，在细节上做相应的处理，从而达到精确制图、明了制图的目的，使得纸样修改有"法"可依。

本书适合于服装设计与内衣设计专业师生以及相关从业人员参考学习。

图书在版编目（CIP）数据

内衣结构设计教程 / 印建荣，常建亮编著 . --2 版 . -- 北京：中国纺织出版社有限公司，2021.6（2024.3重印）
ISBN 978-7-5180-6820-3

Ⅰ. ①内… Ⅱ. ①印… ②常… Ⅲ. ①内衣—服装设计—教材 Ⅳ. ① TS941.713

中国版本图书馆 CIP 数据核字（2019）第 217494 号

责任编辑：孙成成　　责任校对：江思飞　　责任印制：王艳丽

中国纺织出版社有限公司出版发行
地址：北京市朝阳区百子湾东里 A407 号楼　邮政编码：100124
销售电话：010—67004422　传真：010—87155801
http://www.c-textilep.com
中国纺织出版社天猫旗舰店
官方微博 http://weibo.com/2119887771
三河市宏盛印务有限公司印刷　各地新华书店经销
2006 年 3 月第 1 版　2024 年 3 月第 2 次印刷
开本：787×1092　1/16　印张：12.75
字数：198 千字　定价：49.80 元

第2版前言

《内衣结构设计教程》自 2006 年问世后便深受大家欢迎，在十几年的使用和阅读过程中，广大读者也提出了诸多宝贵意见。而今，随着新技术、新材料的发展，原书第 1 版的内容，已落后于内衣厂的实际操作状态。在中国纺织出版社有限公司、汕头时佳实业有限公司的大力支持下，经过多年的调研和准备，将此书作了修正与完善，在此以全新的面貌与读者见面。

本书再版，在知识结构上，重点增加了结构设计实例部分，删减了一些技术关联较弱的章节。根据十几年来的科技进步，本书在技术上，不仅一如既往地强调综合性、全面性和启发性，而且对先进的工艺有了更多的探讨和研究。书中结构设计方法、纸样放码方法，突出实用、简洁、明了、精确的特点，使读者学成后能够灵活变化，举一反三。针对不同的情况，本书采用不同的制图方法，在细节上作相应的处理，从而达到精确制图、明了制图的目的，使纸样修改有"法"可依。

随着计算机技术的发展，软件与硬件的进步。纸样制作已经脱离了手工纸样的方式，进入计算机制作的时代。我们的制图方式、方法也要适应时代发展的要求，便于大家使用、操作。让读者在掌握理论与实际操作的同时，也能够快速地将方法运用到各自所使用的制图软件中。

希望我们的制图方式，能够对业内人士有所帮助，对内衣技术的进步有所贡献。对于本书中存在的不足之处，诚请各位专家给予批评斧正（邮箱：5371763@QQ.com，电话：13852853436）。

印建荣

2020 年 12 月

第1版前言

　　内衣纸样培训中心成立两年来，一直在思考内衣结构制图技术究竟应该如何规范，怎样才能更大限度地体现设计意图；怎样教学才能深层地挖掘学生的潜在智能。关于这些问题我们想得很多，也针对性地编写了教材《内衣纸样设计》《内衣纸样设计原理与技巧》等，实践证明，效果理想，能够较好地达到上述目的。本书正是属于这类教材的一种。

　　综合多年的教学与实践经验，本书在编写过程中特别强调了其综合性、全面性和启发性，突出重点、简明扼要。在结构制图上采用了"十"字制图法，该方法是本人十多年来在实践操作中总结出的一套实用性较强的结构设计方法。这一方法直接、实用，可灵活变化，并强调结构与款式的关系。

　　面对市场经济的迅速发展，我们不断改进培训中心的教学模式。我们坚持：一件优秀的作品，必然是现代实用艺术与现代科学技术的完美结合。本书正是为了培养既懂理论，也具有实际动手能力，善于进行实际操作的、一专多能的复合型高级内衣专业人才而编写的。

　　希望我们的理论、我们的模式对社会有所贡献，对业内人士有所帮助。当然，对于本书中存在的不足之处，诚请专家读者批评指正，以作修正。

印建荣

2005 年 12 月

目录

第一章　内衣结构设计的人体工学

第一节　人体的基本常识

人体可以分为头部、上肢、下肢、躯干四部分。对于内衣来说，主要是针对人体躯干以及上、下肢部分的研究。所以研究内衣结构，一定要了解人体形态以及各部位比例和尺寸，这对人体造型的研究是做好内衣结构设计的先决条件。

评价一件内衣的好与坏，是结合人体而言的。从人体工学的角度上来看，内衣既要符合自然人体特征，又不能阻碍人体运动。一件内衣要做到舒适实用，同时又具有美观的效果，增添人体美感，除了要掌握美学知识外，更要掌握大量各类体型的数据资料，包括肌肉走向、脂肪分布等，以便更好地进行内衣纸样结构设计。近年来，三维人体扫描设备的普及，为我们测量、汇总、研究人体数据，提供了更加便利的工具与条件。

一、人体的基本比例结构

我们以人体头长为比例单位对人体进行测量，通常可划分为七等分（图1–1）。

①头顶—下颏：这是全头高，作为比例划分的基本单位。

②下颏—乳头：大致到乳头上限的位置。

③乳头—脐下：大致到肚脐下限的位置。

④脐下—拇指根：大致到自然下垂的手部拇指根下限的位置。

⑤拇指根—膝盖：大致到膝盖上限的位置。

⑥膝盖—中胫：大致到胫骨中间的位置。

⑦中胫—地面：中胫到脚底板的位置。

从各等分线中可以看出人体各个部位的大致比例，并根据身高推算出部位尺寸。

当然这是人体美学角度上的标准人体比例。实际上，个体千差万别，针对内衣来说寻求统一的设计规则是非常困难的事情。因此，我们先从常规意义上的人体结构开始，达到标准化的美学结构。

二、人体躯干不同部位的形态

我们要从各个角度去立体地了解人体，才能真正地把握人体，表达人体美。根据服装造型需要测量的人体部位而得到的水平面形态是我们了解人体体型最好的途径之一。从人体剖面图中我们可以看到，人体各部位的水平横断面以及在正面、侧面的对应位置（图1-2）。通过这些不同的剖面，我们将清楚地了解与服装基本结构相关的人体各部位的形态。

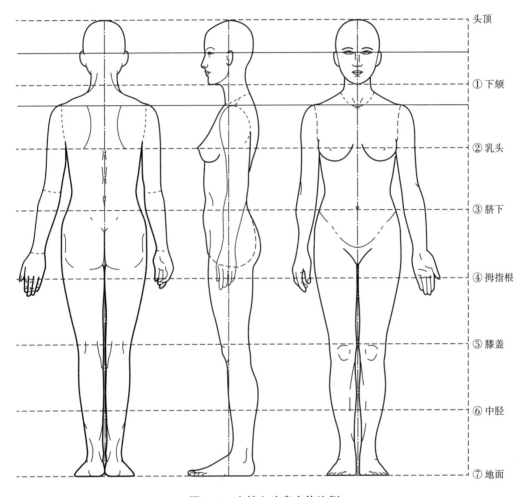

右侧标注（从上到下）：
头顶
① 下颏
② 乳头
③ 脐下
④ 拇指根
⑤ 膝盖
⑥ 中胫
⑦ 地面

图 1-1　女性七头高人体比例

1. 肩部

我们可以明显地看到肩胛骨和肩峰最突出，可以得出这一截面是人体宽度和厚度差最大的部位。从正面看，肩端点的高低不同形成了人体耸肩与溜肩的差别。

2. 胸部

胸部造型以乳房和胸高点为基准，是女性人体最丰满的部位。乳房是女性体型的主要特征之一。女性乳房对文胸设计有着直接的影响，是进行内衣设计的重要依据。乳房的形状可以用高度、宽度、朝向、位置来描述，但要求精确是很难的。成年女性的乳房高度向上至二三肋骨，向下至六七肋骨。乳房底部的宽度是从乳房前中边缘到前腋窝，乳房肥大时可达腋中线。以胸高点为界限，下方要比上方圆润饱满。乳房底部的宽度和形状是文胸钢圈设计的基础。

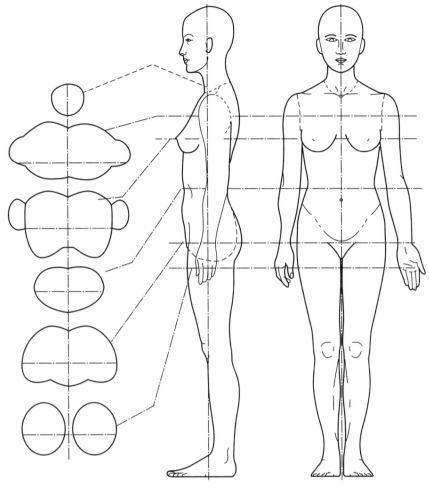

图 1-2　人体剖面图

从胸部的横截面中，可以看到胸高点的距离以及朝向等形态；另外，还可以根据胸高点距离人体中线以及两侧边缘线的尺寸，判断出前、后胸宽的大小，这将成为罩杯大小的设计依据。

从胸部的侧面可以看到胸高点位置的高度，通常位于上臂一半的高度。一般胸高点的高度越低，胸高点间距就越大。少年时期女性乳房尚未发育成熟，因而胸部较平坦；到了青年时期，女子乳房基本发育，使胸部开始有明显的隆起，胸部截面形状由圆形逐渐变为扁圆形；到了成年以后，女性乳房非常丰满，隆起很明显呈半球形或圆锥形，两侧基本对称，乳房的水平位置较高，胸高点一般位于第四肋间或第五肋间水平，锁骨中线外 1cm；中年女性大多经哺乳后，有一定程度的下垂或略呈扁平，胸高点位于第五肋间或第六肋间水平，锁骨中线外 1~2cm，胸高点间距约为总肩宽的一半；老年女性乳房开始萎缩并且逐步下垂，胸部隆起开始逐渐减小，乳房下垂后，乳间距随之增大，胸高点的朝向随之外斜。功能性内衣的关键便是提高乳点高度，减小两胸高点间距。

按胸部的侧面形态，将乳房分为以下几种类型（图 1-3）。

（1）扁平型：乳房隆起不高，底部相对较大，多存在于少女发育期。可选用带胸垫的文胸，使乳房向内推，从而提高隆起，使之丰满圆润。杯型可选用 1/2 罩杯或 3/4 罩杯。3/4 罩杯的文胸能够斜向上牵制胸部，尤其有钢圈的文胸，因为钢圈有较强的固型性，所以能使女性扁平的胸部集中和收拢，显现丰满、立体的胸围。

（2）标准型：乳房隆起适中，底部宽度从胸内缘到前腋窝，整体圆润挺拔，介于扁平型与半球型之间。标准型乳房适合穿着各种类型的文胸。

（3）半球型：乳房隆起较大，且饱满，如同半个苹果形，常见于欧美妇女。可选用 3/4 罩杯、带钢托文胸或选择全罩杯、多片式裁剪的文胸。这类文胸底面积比较大，可以将整个乳房全部包起来，避免选择 1/2 罩杯，使造型出现不妥，材料上尽量选择承托力较好的物料。

（4）圆锥型：乳房隆起很高，底部相对较小，使乳房向前突出并稍有垂感，底部窄，并且凸出量相对较大，多见于非洲妇女。此类乳房适合穿着底面积宽、容积深、伸缩性佳的带钢圈文胸，也可选用下侧衬垫文胸，使其更加丰满。

（5）下垂型：乳房隆起但下垂，乳点位置很低，下侧一部分失去弹性碰到胸部，甚至整个乳房呈向下垂挂状。一定要用钢托文胸，托起下垂的乳房，使其造型圆满。稍有下垂感的乳房，应使用 3/4 罩杯和全罩杯钢托文胸，宽比位（侧比和后比），增加对胸部的支撑，防止乳房下垂。

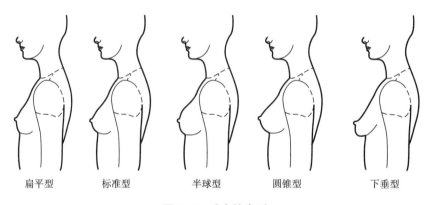

扁平型　　　标准型　　　半球型　　　圆锥型　　　下垂型

图 1-3　乳房的类型

扁平型、标准型或半球型的乳房，覆盖于肋骨上面积较大，并且凸出量相对较小，受重力作用较小，持久保持美丽，直到衰老。

由于乳房的形态和位置存在着较大的个体差异，几种类型的乳房并非随年龄增长才有变化，而是同时存在于生育期间年龄段的人群中。应该注意的是，每个人左右乳房也存在一定的差异。就像人体其他对称部位均存在不匀称——左右手大小不一样，左右乳房的大小也不一样，只是有的人明显，有的人不明显。针对上述这些情况，在修整胸部造型时，不要简单模仿他人。例如身材相对扁平的人非要装饰出半球型乳房，装饰出圆锥型乳房；或者，原本下垂型乳房却要装饰成圆锥型，这些做法必定过于牵强。不仅身体整体曲线会有不协调，而且自身也会不舒服。当然，特殊场合下所需要的内衣除外。例如，舞台装内衣、运动内衣以及功能性强的内衣等。

3. 腰部

腰部是人体躯干围度尺寸最小的部位，是人体躯干划分为上、下两部分的分界线，在设计各类服装时都要考虑这一部位的大小、形态及位置。连身衣、束身衣、束裤的设计都要考虑这一部位的形态特征和相应的活动功能。

桶腰是指胸围、腰围、臀围差别不大，缺乏女性曲线魅力的体型。这种体型的女性有两种情况：一种是胸腔骨较宽而髋骨较窄，骨骼决定了直腰身；另一种是腰腹堆积脂肪过多，导致腰围曲线的消失。这类体型可以用腰封来改善，腰封针对腰部曲线不明朗的体型，着重收紧从胸下围—腰围—中腰位置的整体曲线。另外，还可以穿着高腰束裤、低腰连身骨衣等。高腰束裤主要利用束裤的高腰部分收紧腰围；低腰连身骨衣是指连身骨衣的长度在腰臀之间，能有效地束紧腰部的肌肉，显示凹凸有致的胸腰造型。

4. 臀部

臀部的形态是设计各种内裤的依据。从正面看，由于臀部的宽阔显得腰部以下发达，从腰节线至两侧大转子连线所形成的梯形看，两侧大转子连线长于肩线，上小下大。侧面看，女性臀部特别丰满圆润，造型向后凸起较大，且有下坠感，臀围明显大于胸围。从其横截面可以看出其凸点的位置，以及前、后臀围的分配比例。根据臀部的侧面形态，将其分为以下几种类型（图1-4）。

（1）扁平型：臀部扁平的人，有可能体型消瘦，没有立体感；或腰部丰满、粗厚，从而使臀部略显扁平，没有曲线感。可以选择使用衬垫或衬布束裤，在所需的位置加强立体感，这些衬垫或衬布可拆卸，增加了穿着的灵活性。臀部扁平、体型消瘦的人，只能穿有衬垫的束裤，利用衬垫使臀部穿出应有的弧度；腰部丰满、臀部扁平的人，要穿高腰的束裤，在收紧腰部的同时，向上托起臀围。

（2）标准型：臀部隆起适中，整体形态圆润挺拔，介于扁平型与浑圆型之间。

（3）浑圆型：可选择长型束裤，包住整个臀部并修饰腰部。

（4）后翘型：考虑硬型的束裤，托起臀部。同时，可以约束臀部的脂肪。另外，此种体型的人腰部背侧会有凹陷，给人以比例不匀称的感觉，如果腰部比例严重不均匀，可在腰背上加衬垫，以创造优美的圆弧曲线。

（5）下垂型：臀部下垂的女性当然首选束裤来修饰体型。束裤的种类很多，长身、包腿的束裤和后片是"U"字形的束裤最适合臀部下垂体型。通常臀部下垂会带动大腿部肌肉的下垂，而长身、包腿的束裤可全面包裹、提高臀围。"U"字形的束裤是针对下垂的臀部而设计的，它利用束裤后片臀侧和臀下围双层面料的紧束力，收拢和抬高臀部，改变下垂臀部外观，塑造高翘、立体的臀型。

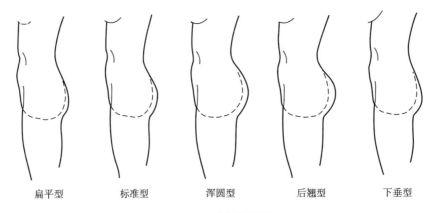

| 扁平型 | 标准型 | 浑圆型 | 后翘型 | 下垂型 |

图 1-4　臀部的类型

三、人体骨骼、肌肉与脂肪的分布特点

在讲述体型特征前，先来了解一下人体骨骼、肌肉与脂肪的分布情况：女性的骨骼、肌肉没有男性发达，但是，皮下脂肪却比男性多。因而外形显得较为光滑圆润，而且整体曲线起伏较大。由于生理的原因，女性乳房隆起，背部稍向后倾斜，使得颈部前伸造成肩胛突出。由于盆骨宽厚促成后腰部凹陷、腹部前挺，显现出优美的"S"曲线。

从脂肪分布图中可以清楚地看到人体上五个脂肪中心带，其中箭头的方向表示皮下脂肪越来越薄的方向，这些部位的形态对于内衣设计尤其是功能性较强的内衣设计来说是必须要考虑的地方（图 1-5）。

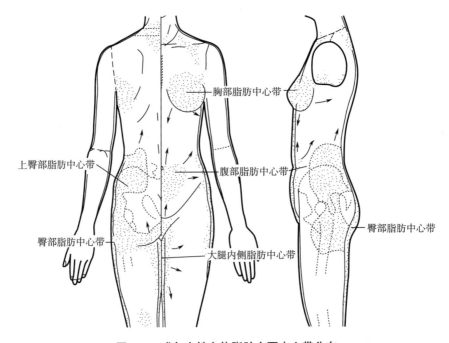

图 1-5　成年女性身体脂肪主要中心带分布

以乳房为中心的胸部脂肪中心带，是各类文胸的设计依据。这一脂肪带的形态直接决定了文胸罩杯的深度、宽度和整个罩杯的外部形态和内部结构。

腹部脂肪中心带和上臀部脂肪中心带，这两个部位的脂肪形态直接影响着骨衣、连身衣、束腹裤和腰封等内衣的设计，是这些塑形内衣的直接作用区，设计时在注意这些内衣功能性的同时，一定要考虑这两个部位在穿着后的舒适程度。

臀部脂肪中心带，直接决定了各种裤子的后片造型。这一部位的脂肪形态决定了束裤后片的造型结构以及普通内裤的后片的大小设计。

大腿内侧脂肪中心带，是长身型束裤和普通短裤要特别注意的部位。在保持功能性的同时注意穿着的舒适程度。

四、人体体型特征及变化规律

1. 人体体型特征

人体的骨骼是由二百多块骨头组成，在骨骼外面附着六百多块肌肉，在肌肉外面包着一层皮肤。骨骼是人体的支架，各骨骼之间由关节连接起来，构成了人体的支架，起着保护体内重要器官的作用，同时在肌肉伸缩时起杠杆作用。人体的肌肉组织很复杂，纵横交错，又有重叠部分，种类不一，形状各异，分布于全身。有的肌肉丰满隆起，有的则较为单薄，分布面积也有大有小，体表形状和动态各不相同。

人体外形的自然起伏和形状变化是有它自身规律的，这就是人体的共性特征。例如，哪些部位凸起，哪些部位凹进，各部位的形状是什么样子的等，这些都是人体内部结构组织变化的表现。但是每个人的体质发育情况各不相同，在形态上就出现了有高有瘦。还由于发育的情况和工作关系形成了有的人挺胸，有的人驼背，有的人平肩，有的人溜肩，有的人大肚，有的人大臀，有的腰粗，有的腰细等不同的体型。在进行功能性设计时必须要考虑这些特点并加以科学地修饰（图1-6）。

（1）消瘦体：腰围在整体中很细，全身骨骼突出，肌肉和脂肪较少。

（2）正常体：全身发育正常，高度和围度与其他部位的比例均衡，无特别之处。

（3）肥胖体：胸部和腰围差数较小，肋的厚度大，胸部和腹部都比较圆厚。

（4）大腹体：臀部平而腹部向前突出的体型。

（5）挺胸体：胸部发育丰满且挺，胸宽背窄，头部呈后仰状态。

（6）含胸体：背圆而宽，胸宽较窄，头部向前，上体呈"弓"字形。

（7）平肩体：肩端平，肩斜度较小，基本呈上平状。

（8）溜肩体：肩端过低，肩斜度较大，基本上呈"八"字形。

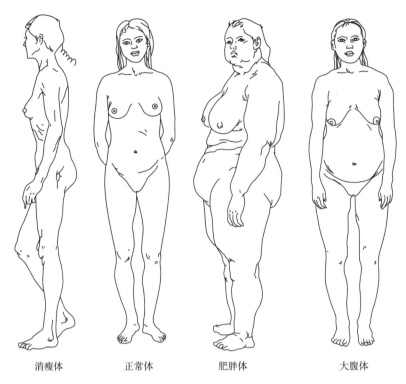

| 消瘦体 | 正常体 | 肥胖体 | 大腹体 |

图1-6　体型特征

2. 人体体型变化规律

人体体型并不是一成不变的，随着人的年龄变化，体型特征也在不断地发生着变化。人体的发育有其自身规律（图1-7）。

（1）婴儿、幼儿、小童阶段：1~6岁，躯干长，四肢短，体高为4~4.5个头长。幼儿的四肢较短、发育较快，腹围突出，头部则较大、发育较慢。

（2）中童阶段：8~12岁，体型逐渐向平衡发展，躯干和四肢各部位相应有所增长，体高5.5~6.5个头长。胸廓前后径小于左右径，呈扁圆形。

（3）少年阶段：13~16岁，全面发展阶段，各部位骨骼、肌肉已基本形成，女孩发育早于男孩，胸部微微隆起，腰部收细，臀部开始丰润。此时少女的乳房较为扁平、乳间距较小、胸高点较高。

（4）青年阶段：17~30岁，人体定型阶段，体高7~7.5个头长。整体来说，保持在一个标准的状态，体型较为丰满、标准，三围差数较大，线条分明。婚育后的女性，体型将更加丰满。

（5）青壮年阶段：31~42岁，体型开始趋胖阶段。

（6）中老年阶段：43~70岁以上，胸廓变得扁平，肌肉、皮肤松弛下垂；乳房及乳下已有皱纹，胸高点明显下降；腰、腹部脂肪堆积隆起而且比较松弛下坠，腹围突出明显，三围差数相差无几，甚至腰围大于臀围；背部骨骼变化明显，脊柱间软骨趋向萎缩而失去了弹性，弯曲较大。

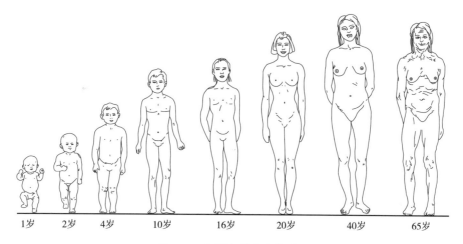

1岁　　2岁　　4岁　　　10岁　　　16岁　　　20岁　　　　40岁　　　　65岁

图1-7　不同年龄段人体特征

第二节　人体测量

一、人体测量的意义

人体测量是为了对人体体型特征有一个正确、客观的认识，将体型各部位数据化，然后再用精确的数据来表示人体各部位的体型特征。当然要取得人体各部位的具体数据，就要进行人体实际测量，只有这样才能正确把握体型特征。

人体测量是进行内衣纸样结构设计的必要前提。"量体裁衣"就是要通过人体测量，掌握人体有关部位的具体数据之后再进行结构分解，这样可以保证各部位设计的尺寸有可靠的依据，也只有这样才能使得设计出的内衣适合人体的体型特征，穿着舒适，外形美观。

人体测量的重要性还表现在，它是内衣生产中制定号型规格标准的基础。内衣号型标准的制定是建立在大量人体测量的基础上的，通过人体普查的方法，对成千上万的人体进行实际测量，取得大量的人体数据，然后进行科学的数据分析和研究，在此基础上最后制定出正确的内衣号型标准。可以看出人体测量是服装结构设计和服装生产的十分重要的基础性工作，因此必须要有一套科学的测量方法，同时要有相应的测量工具和设备。

二、人体测量的基准点与基准线

人体体型比较复杂，要进行标准化、规范性测量就需要在人体表面上确定一些点和线，然后将这些点和线按一定的原则固定下来，作为专业通用的测量基准点和基准线，这样便于建立统一的测量方法，同时依据相应的测量工具和设备。

　　基准点和基准线的确定是根据人体测量的需要，同时考虑到这些点和线应具有明显结构性、固定性、易测性和代表性等特点。测量基准点和基准线无论在谁身上都是固有的，不因时间、生理的变化而改变。

　　基准点与基准线（图1-8）

　　①头顶点：头顶部最高之点，位于人体中心线上。

　　②后颈点：颈后第七颈椎点。

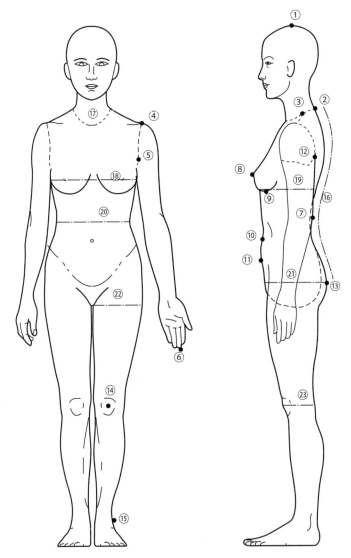

图1-8　人体测量的基准点、基准线

　　③肩颈点：也称为颈侧点，位于颈侧面根部与肩膀线的相交处。

　　④肩端点：也称为肩膀侧点，是指肩部的两端顶点。它是确定衣袖袖山的基准位置，也是测量肩宽和袖长的基准点。

　　⑤前腋点：当人体左右手臂下垂时，位于臂根与胸的交接处的点，是测量胸宽的基

准点。

⑥指尖点：中指的最顶端，上肢在下垂时的最低点。

⑦肘点：上肢肘关节向外最突出点，也就是上肢弯曲时最突出点。

⑧胸高点：也称为乳点，它是测量胸围的基准点，也是确定胸省的长度和大小的参考点。

⑨胸底点：以乳房下边缘的圆形轮廓线最低点为基准，它是测量下胸围的基准点。

⑩脐点：肚脐的中心。

⑪腹凸点：中心线上腹部向前最凸出的点。

⑫后腋点：当人体左、右手臂下垂时，位于臂根与背部交接处的点，是测量背宽的基准点。

⑬臀凸点：中心线上臀部向后最突出的点，是测量臀围的基准点。

⑭膝盖点：膝盖骨的中心点。

⑮外踝点：踝关节向外侧突出的点，是测量裤长的基准点。

⑯背中线：经后颈椎点、腰部后中点的人体纵向左右分界线。

⑰颈围线：经前颈点、肩颈点、后颈点围绕量一周。

⑱胸围线：经胸高点围绕乳房最丰满处的水平线。

⑲下胸围线：经乳底点的水平围线。

⑳腰围线：腰部最细处的水平围线。

㉑臀围线：臀部最丰满处的水平围线。

㉒大腿根围线：大腿根部的水平围线。

㉓膝围线：经膝盖点的水平围线。

三、人体测量的注意事项

（1）被测者穿着合适的内衣（胸部一般戴无强拢胸效果的薄款文胸），然后正确测量所需部位尺寸。内衣用尺寸通常为裸体净尺寸。

（2）被测者要自然立正站好，双臂下垂，姿态自然，不得前倾、后仰或侧斜。皮尺不要过紧和过松。

（3）测量者要注意观察被测者的体型特征，并做好记录。

（4）在测量时要注意测量部位的准确度。

（5）测量者要依据具体的测量目的。

（6）在测量腰围时，要注意根据具体款式合理设定放松量。

（7）在测量时，要区分批量成衣与定制服装的不同数据协调方法。

（8）在测量完毕后，要进行数据综合分析。

四、人体围度的测量（图 1-9）

①上胸围：以前腋点为测量点，用软尺水平测量一周

②胸围：以胸高点为测量点，用软尺水平测量一周。

③下胸围：以乳房下边缘胸底点为测量点，用软尺水平测量一周。

④腰围：以腰部最细处（一般情况下肘点与腰围线重合）为测量点，用软尺水平测量一周。

⑤腹围：也称为中腰围，用软尺以腹凸点为测量点，水平测量一周。

⑥臀围：以人体臀凸点为测量点，水平测量一周。

⑦大腿围：以股下大腿围最凸处为测量点，水平测量一周。

⑧乳间距：两胸高点间的水平直线距离。

⑨前胸宽（［粤］前胸阔）：自胸高点沿人体曲线水平向前中方向测量至乳房内边缘所得尺寸。这是文胸罩杯制作的参照尺寸之一。

⑩后胸宽（［粤］后胸阔）：自胸高点沿人体曲线水平向体侧方向测量至乳房外边缘所得尺寸。这是文胸罩杯制作的参照尺寸之一（图 1-10）。

⑪前中宽（［粤］前中阔）：人体前中心处的宽度，以在胸围线处的乳间宽度为准，一般为 1~3cm。

五、人体长度的测量（图 1-10）

①背长：从后颈点至腰围线，随人体背部曲线测量所得尺寸。

②后颈点至胸高点：从后颈点沿人体曲线绕至胸高点所得尺寸。

③肩颈点至后胸围线：从肩颈点沿人体背部曲线测量至后胸围线所得尺寸。

④下胸围至腰围线：从胸底点沿人体曲线测量到腰围线所得尺寸。

⑤腰长：从腰围线沿人体侧面曲线测量至臀围线所得尺寸。

⑥中腰长：从腰围线沿人体侧面曲线测量至腹围线所得尺寸。

⑦股上长：从腰围线沿人体侧面曲线测量至臀股沟水平位所得尺寸。通常被测者位于坐姿时测量。

⑧底裆长（［粤］全浪长）：沿人体腰围线前中经过臀股沟测量到腰围线后中所得尺寸。

⑨下杯高：自胸高点沿人体曲线垂直方向测量至乳房下边缘所得尺寸。这是文胸罩杯制作的参照尺寸之一。

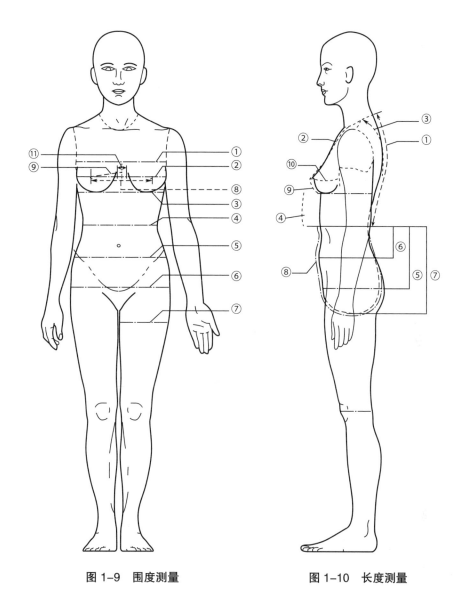

图 1-9　围度测量　　　　　　　　　　　图 1-10　长度测量

六、参考尺寸（表 1-1~ 表 1-4）

表 1-1　国内人体号型尺寸参考　　　　　　　　　　单位：cm

Y 号型系列人体尺寸参考数据							
部位	数值						
身高	145	150	155	160	165	170	175
颈椎点高	124	128	132	136	140	144	148
坐姿颈	56.5	58.5	60.5	62.5	64.5	66.5	68.5
全臂长	46	47.5	49	50.5	52	53.5	55

Y 号型系列人体尺寸参考数据

部位	数值																				
腰围高	89			92			95			98			101			104			107		
胸围	72			76			80			84			88			92			96		
颈围	31			31.8			32.6			33.4			34.2			35			35.8		
总肩宽	37			38			39			40			41			42			43		
下胸围	58	60	62	62	64	66	66	68	70	70	72	74	74	76	78	78	80	82	82	84	86
腰围	50	52	54	56	58	60	62	64		66		68		70		72		74		76	
臀围	77.4	79.2	81	82.8	84.6	86.4	88.2	90		91.8		93.6		95.4		97.2		99		100.8	

A 号型系列人体尺寸参考数据

部位	数值																				
身高	145			150			155			160			165			170			175		
颈椎点高	124			128			132			136			140			144			148		
坐姿颈	56.5			58.5			60.5			62.5			64.5			66.5			68.5		
全臂长	46			47.5			49			50.5			52			53.5			55		
腰围高	89			92			95			98			101			104			107		
胸围	72			76			80			84			88			92			96		
颈围	31.2			32			32.8			33.6			34.4			35.2			36		
总肩宽	36.4			37.4			38.4			39.4			40.4			41.4			42.4		
下胸围	58	60	62	62	64	66	66	68	70	70	72	74	74	76	78	78	80	82	82	84	86
腰围	54	56	58	58	60	62	62	64	66	66	68	70	70	72	74	74	76	78	78	80	84
臀围	77.4	79.2	81	81	82.8	84.6	84.6	86.4	88.2	88.2	90	91.8	91.8	93.6	95.4	95.4	97.2	99	99	100.8	102.6

B 号型系列人体尺寸参考数据

部位	数值																			
身高	145			150			155			160			165			170			175	
颈椎点高	124			128			132			136			140			144			148	
坐姿颈	56.5			58.5			60.5			62.5			64.5			66.5			68.5	
全臂长	46			47.5			49			50.5			52			53.5			55	
腰围高	89			92			95			98			101			104			107	
胸围	68		72		76		80		84		88		92		96		100		104	
颈围	30.6		31.4		32.2		33		33.8		34.6		35.4		36.2		37		37.8	
总肩宽	34.8		35.8		36.8		37.8		38.8		39.8		40.8		41.8		42.8		43.8	
下胸围	54	56	58	60	62	64	66	68	70	72	74	76	78	80	82	84	86	88	90	92
腰围	56	58	60	62	64	66	68	70	72	74	76	78	80	82	84	86	88	90	92	94
臀围	78.4	80	81.6	83.2	84.8	86.4	88	89.6	91.2	92.8	94.4	96	97.6	99.2	100.8	102.4	104	105.6	107.2	108.8

表 1-2 欧美女性标准尺寸　　　　　　　　　　　　　　　单位：in（英寸）

尺码范围	XS		S		M		L		XL
	2	4	6	8	10	12	14	16	18
胸围	$32\frac{1}{2}$	$33\frac{1}{2}$	$34\frac{1}{2}$	$35\frac{1}{2}$	$36\frac{1}{2}$	38	$39\frac{1}{2}$	41	42
下胸围	26	27	28	29	30	31	32	33	34
乳间距	7	$7\frac{1}{4}$	$7\frac{1}{2}$	$7\frac{3}{4}$	8	$8\frac{1}{4}$	$8\frac{1}{2}$	$8\frac{3}{4}$	9
腰围	24	25	26	27	28	$29\frac{1}{2}$	31	$32\frac{1}{2}$	$34\frac{1}{2}$
腹围	$31\frac{1}{2}$	$32\frac{1}{2}$	$33\frac{1}{2}$	$34\frac{1}{2}$	$35\frac{1}{2}$	37	$38\frac{1}{2}$	40	42
臀围	$34\frac{1}{2}$	$35\frac{1}{2}$	$36\frac{1}{2}$	$37\frac{1}{2}$	$38\frac{1}{2}$	40	$41\frac{1}{2}$	43	45
肩宽	$14\frac{3}{4}$	15	$15\frac{1}{4}$	$15\frac{1}{2}$	$15\frac{3}{4}$	$16\frac{1}{8}$	$16\frac{1}{2}$	$16\frac{7}{8}$	$17\frac{3}{8}$
背宽	$13\frac{3}{4}$	14	$14\frac{1}{4}$	$14\frac{1}{2}$	$14\frac{3}{4}$	$15\frac{1}{8}$	$15\frac{1}{2}$	$15\frac{7}{8}$	$16\frac{3}{8}$
领围	13	$13\frac{1}{2}$	14	$14\frac{1}{2}$	15	$15\frac{1}{2}$	16	$16\frac{1}{2}$	$17\frac{1}{4}$
手腕至后中①	$30\frac{1}{4}$	$30\frac{1}{2}$	$30\frac{3}{4}$	31	$31\frac{1}{4}$	$31\frac{1}{2}$	$31\frac{1}{4}$	32	$32\frac{1}{4}$
臂围	$9\frac{7}{8}$	$10\frac{1}{4}$	$10\frac{5}{8}$	11	$11\frac{3}{8}$	$11\frac{7}{8}$	$12\frac{3}{8}$	$12\frac{7}{8}$	$13\frac{1}{2}$
手腕围	$5\frac{4}{3}$	6	$6\frac{1}{4}$	$6\frac{1}{2}$	$6\frac{4}{3}$	7	$7\frac{1}{4}$	$7\frac{1}{2}$	$7\frac{3}{4}$
前后裆长	$25\frac{1}{8}$	$25\frac{3}{4}$	$26\frac{3}{8}$	27	$27\frac{5}{8}$	$28\frac{3}{8}$	$29\frac{1}{8}$	$29\frac{1}{8}$	$30\frac{5}{8}$
躯干中长	$57\frac{1}{4}$	$58\frac{1}{2}$	$59\frac{4}{3}$	61	$62\frac{1}{4}$	$63\frac{5}{8}$	65	$66\frac{3}{8}$	$68\frac{1}{8}$
大腿围	$21\frac{1}{8}$	$21\frac{3}{4}$	$22\frac{3}{8}$	23	$23\frac{5}{8}$	$24\frac{5}{8}$	$25\frac{5}{8}$	$26\frac{5}{8}$	$27\frac{7}{8}$
膝围	13	$13\frac{1}{2}$	14	$14\frac{1}{2}$	15	$15\frac{1}{2}$	16	$16\frac{1}{2}$	$17\frac{1}{4}$
脚踝围	$9\frac{1}{4}$	$9\frac{1}{2}$	$9\frac{3}{4}$	10	$10\frac{1}{4}$	$10\frac{1}{2}$	$10\frac{3}{4}$	11	$11\frac{1}{4}$
腿内侧长	—	—	—	$29\frac{1}{2}$	—	—	—	—	—
腿外侧长	$39\frac{3}{4}$	40	$40\frac{1}{4}$	$40\frac{1}{2}$	$40\frac{3}{4}$	$41\frac{1}{8}$	$41\frac{1}{2}$	$41\frac{7}{8}$	$42\frac{1}{2}$
前中至腰围②	$13\frac{3}{4}$	14	$14\frac{1}{4}$	$14\frac{1}{2}$	$14\frac{3}{4}$	15	$15\frac{1}{4}$	$15\frac{1}{2}$	$15\frac{3}{4}$
后中至腰围③	$15\frac{1}{2}$	$15\frac{3}{4}$	16	$16\frac{1}{2}$	$16\frac{1}{2}$	$16\frac{3}{4}$	17	$17\frac{1}{4}$	$17\frac{1}{2}$
胸点绕颈④	26	$26\frac{3}{8}$	$26\frac{3}{4}$	$27\frac{1}{8}$	$27\frac{1}{2}$	$27\frac{7}{8}$	$28\frac{1}{4}$	$28\frac{5}{8}$	29

注　目前国内还没有（通用的）内衣专用人体尺寸表，因此可以参考欧美的女性标准尺寸来调整国内的内衣基本
　　尺寸。
　　①手腕至后中：从腕围处沿手臂曲线测量至后颈点的长度。
　　②前中至腰围：从锁骨中点至前腰围线的长度。
　　③后中至腰围：从后颈点至后腰围线的长度。
　　④胸点绕颈：从左胸高点绕过后颈点到右胸高点的长度。

表1-3　国际通用文胸罩杯基本尺寸　　　　　　　　单位：cm

部位＼号型	75					
	AA	A	B	C	D	E
杯宽（［粤］杯阔）	17.6	18.25	19.5	20.75	22	23.25
下杯高	7.1	7.4	8.0	8.6	9.2	9.8

表1-4　国际通用文胸罩杯尺寸通码

号型（cm）	号型（in）	对应的罩杯型号									
75	34	A	B	C	D	E					
	80	36	A	B	C	D	E				
		85	38	A	B	C	D	E			
			90	40	A	B	C	D	E		
				95	42	A	B	C	D	E	
					100	44	A	B	C	D	E

第二章　经典内裤纸样结构制图

第一节　内裤的分类及功能

随着着衣观念的变化，内裤在保温吸汗、保持生理卫生的基础上，愈加成为女性美化自身的一件重要贴身物品。内裤的种类繁多，用途广泛，主要按照腰围线位置、面料材质、使用功能等方式分类。

一、按腰围线位置分类

按腰围线位置不同，内裤腰型可分为高、中、低三类，图2-1中将腰围线至臀围线的位置三等分来区分类型。

1.高腰型

高腰型的腰围线位于上 1/3 区域，内裤前后裆长在 56~68cm。高腰穿起来给人的感觉较为舒适，强调保暖功能以及束身功能。

2.中腰型

中腰型的腰围线位于中间 1/3 区域，内裤前后裆长在 46~55cm，是最为常见的规格与样式，宽松舒适类裤型常用。

3.低腰型

低腰型的腰围线位于下 1/3 区域，内裤前后裆长在 36~45cm。一般较为性感的内裤多为低腰型。此类设计一般都是配合流行服饰的，选择不好，容易造成腰部与臀部之间的阶段式的外观。

图2-1　腰头分类

二、按功能分类

按功能不同，内裤可分为普通内裤和塑型内裤两大类。

（一）普通内裤［包括：三角裤（比基尼内裤）、丁字裤、平脚裤等］

1.三角裤（比基尼内裤）（图2-2）

（1）适合人群：腰腹无多余脂肪，臀部无赘肉及爱好运动的女性。

（2）适合配装：为了避免在胯部、臀部出现勒痕的尴尬，建议配穿厚质地的面料和

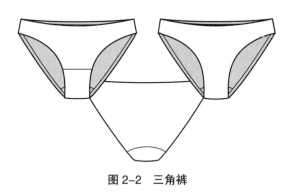

图 2-2　三角裤

宽松的裙或裤。三角内裤只用于提升舒适度，而无任何修身功能。

（3）不适合人群：腹部已出现多余脂肪者；臀部下垂者。

2. 丁字裤（图 2-3）

（1）适合人群：习惯穿着紧身服饰又注重不显现内裤痕迹，且体型较好的人。

（2）适合配装：不着痕迹的丁字裤，几乎可以配穿所有裤装和裙子，因为只有丁字裤才能做到娇美无痕，所需回避的只是中腰及低腰设计的裙或裤，如果丁字裤的腰线相对较高，就很容易显露在外。当然作为特殊设计的露腰丁字裤除外。

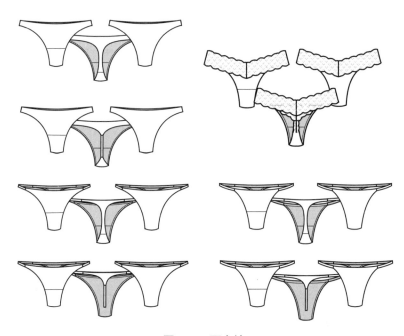

图 2-3　丁字裤

（3）不适合人群：如果希望借内裤来调整下身曲线的人会对此款失望。因为同普通三角裤一样，丁字裤无任何修身功能。

3. 平脚裤（图 2-4）

（1）适合人群：是所有体型都适合的款式。

（2）适合配装：几乎可以配穿所有裤装和裙子，所需注意的是平脚裤的腰部设计要与裙、裤的腰头高度相适应，避免你在不经意抬手或弯腰时令内裤的腰头显

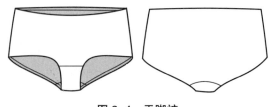

图 2-4　平脚裤

露的尴尬。另外，平脚裤还可以满足穿着者的安全心理。

（3）不适合人群：如果希望借内裤更多地调整下身曲线的人会对此款失望。因为"压平"腹部、"提升"臀部需加特别的裁剪缝制方式才行。此款虽然穿后无印无痕，但也没有特别的支撑力。

普通内裤选择原则：安全与舒适性永远是第一原则；内裤要能够吸汗；具有耐穿、耐洗的特点；面料弹性要好；前裆裁剪要合体；符合个人的喜好。

（二）塑型内裤（又称为：束裤、束身裤、功能性内裤）

束裤的种类繁多，其长度不同亦会产生不同效果，有着不同的功能（图2-5）。

1. 高腰型

比腰围高约5cm以上，主要是修整腰部曲线。

2. 中腰标准型

设计重点在腹部位置，收腹功能较强。

3. 普通型

脚口比裆位低4~10cm，收紧及提高臀部。

4. 长裤管型

脚口比裆位低14~19cm，对修整臀部及大腿部曲线起到很大作用。

（1）适合人群：希望通过其腹部和臀部立体设计收腹提臀并令过粗的大腿减少松弛感的女性可选择这类款式。

针对不同体型应选择不同的束裤，臀部大应选择功能性强、伸缩力大的束裤，不宜穿小一号的束裤，因为赘肉容易出现；臀部扁平、瘦的人应穿功能性弱或臀部两侧有特殊加工处理的束裤，才能使臀部有浑圆的效果；胖的人则要穿功能性强的束裤来强束臀形；臀部下

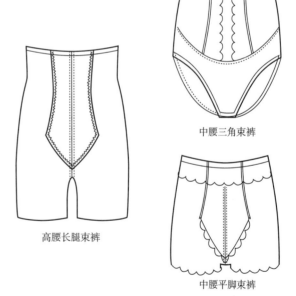

中腰三角束裤

高腰长腿束裤

中腰平脚束裤

图2-5　塑型内裤

垂可穿具有提臀效果的长束裤，能将下坠的肉往上提升，同时修饰大腿曲线；臀部小可穿有臀垫或附衬垫的束裤，可穿出玲珑的轮廓；大腿粗最好是穿可修饰大腿的长束裤，购买时依照大腿尺寸为标准。

（2）适合搭配：搭配长裤时臀部和腿部都会自然无痕。但配穿及膝裙、短裙以及开高衩的裙子时要特别注意。另外，内裤颜色应尽量接近肤色，一般不可内深外浅，否则内裤颜色可能会透过外面的衣物。

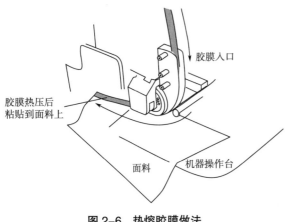

胶膜入口

胶膜热压后
粘贴到面料上

面料　机器操作台

图 2-6　热熔胶膜做法

（3）不适合人群：这种功能强的设计几乎人人能穿，除了那些不愿太有拘束感的人。

束裤选择原则：腰部松紧合适、收压自然恰当、无多余的赘肉挤出或无绷紧裤边的痕迹；束腹不要太紧，适中即可，太紧容易造成肠胃不适；裤裆部分穿着舒适且后腰围线不能往下掉；侧面的线条应能完全包住臀部，呈现浑圆的曲线，下方支撑臀部从而达到提臀的效果；束裤脚口和大腿部分是否活动自如，往前蹲时，脚口也要紧紧地包住，不要因为活动而改变了臀部的线条；是否和外衣吻合。

另外，随着机械技术的进步，弹力热熔胶膜取代"丈巾"（高弹贴边织带）的做法逐步流行。用热熔胶膜做的产品，更加轻薄、舒适、不留痕迹，但受材质的影响，在使用寿命方面不如传统工艺。热熔胶膜对面、辅料的要求相对较高，并且为了保证工艺质量的稳定性，对机械设备的要求相对也较高（图 2-6）。

第二节　内裤结构制图

一、内裤的号型规格

内裤的号型规格一般按照人体的腰围尺寸和臀围尺寸来定，有用数字来表示的，有用字母来表示的，也有数字和字母组合共用的。国际通用码为：34、36、38、40……其中数字表示臀围尺寸，单位为英寸（in）。亚洲尺码多为：S、M、L、XL、XXL……或64、70、76、82、88……单位为厘米（cm）。不同内衣品牌根据自己的受众，会因基本尺码适应的人群范围而有所不同。同样是 M 码，尺寸大小不尽相同。国内品牌也经常用身高加臀围的方式标注，如 160/90。

由于面料弹力的原因，塑型内裤以人体的腰围尺寸和臀围尺寸为依据，一般以 6~8cm 为一档来划分。普通内裤由于不强调其功能性，面料弹力要求相应降低，一般以 5cm 为一档来划分。当然，更多的情况下普通内裤也可以按塑型内裤的标准来划分号型规格（表 2-1、表 2-2）。

表 2-1　普通内裤规格表 　　　　　　　　　　　　　　　　　　　　单位：cm

号型	XS/30	S/32	M/34	L/36	XL/38	XXL/40
臀围	75~83	80~88	85~93	90~98	95~103	100~108

表 2-2 塑型内裤规格表 单位：cm

号型	XS/58	S/64	M/70	L/76	XL/82	XXL/88
腰围	55~61	61~67	67~73	72~79	79~86	86~94
臀围	79~89	82~93	89~96	89~99	91~103	94~106

二、内裤结构制图分析

内裤结构制图需要腰围、腹围、臀围、前后裆长（［粤］全浪长）等基本尺寸。同外衣设计不同的是，内裤一般都为紧身合体的，为了舒适，通常都采用了弹性织物，面、辅料的弹力达到无弹性织物的两倍左右。因而，内裤的成品腰围尺寸的设计，通常小于实际腰围尺寸，在穿着舒适性的前提下，腰围拉开后要大于或等于臀围的尺寸；另外，内裤的前后裆长包括前、后中长和底裆长（俗称底浪长）。

内裤纸样结构的影响因素有如下几个方面。

1. 面料弹性的影响

内裤的腰围较小，但应保证，腰围拉开后要大于或等于臀围的尺寸，只有这样内裤才具有可穿性。考虑到面料的舒适拉伸率和工艺弹力回缩率，内裤成衣的腰围尺寸应小于实际人体腰围尺寸，一般为实际穿着位置围度尺寸的80%。同一尺码的内裤，不同的腰线位置，不同的面、辅料搭配，最终的尺寸也会不同。同样，随着面料拉伸率的增减，成衣尺寸应相应减增。

2. 造型的影响

一般来说，内裤的侧缝线较短，因而也就没有实际的臀围线的存在，裆弯也就失去了存在的价值，制图时就没必要考虑裆弯的大小。内裤的侧缝可大可小，最小可以趋向为零；应当注意的是，侧缝线的下端点一般不会低于臀围线。通常，比基尼的侧缝在4.5cm左右；丁字裤在3.5cm左右；对于平角裤来说，侧缝线较长，侧缝的下端点通常位于臀围线以下，在做平角裤时应注意对裆弯的取舍。

3. 前、后片连裁

由于要求较高的合体度和贴体度，内裤的脚口相应减小，为了达到后片脚口的合体度，必须减小裆弯曲度，为了达到包臀的效果，裆弯曲度一般为零。因此内裤的前、后片一般为连裁（短裤、花边裤、特殊体型裤除外）。

4. 内裤的结构

内裤的结构一般由四部分组成，包括前片、后片、底裆和里裆。由于生理的原因，里裆一般选用无刺激性、吸湿性较强、柔软舒适的面料。

5. 结构对裆的影响

由于内裤结构的原因，其前后裆长分为三部分：前中长、后中长和底裆长（图2-7）。一般来说，底裆长为12.5cm左右；中腰内裤的前、后中长参照中腰内裤的长度来定，前

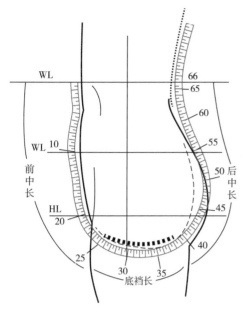

图2-7　内裤前后裆长与人体对应

中长取16cm，其中臀围线上的长度为11cm；后中长为21.5cm，其中臀围线上的长度为11cm。在这里要说明的是丁字裤的后中长，由于其造型结构的原因，后中长要减2cm臀部凸起量。

对于短裤来说，内裤底裆是分别与前后片连在一起的，前后中线要求有裆弯的存在。无论短裤的裆弯如何取舍，前后片臀围下的尺寸要达到28cm，这样穿着后，裆底才不会过紧。

6. 裆宽的大小

为了达到遮羞的目的，内裤的前片裆宽处的宽度为7~7.5cm。但是，并不是越宽越好，太宽、太窄都将影响穿着的舒适度和美观效果。至于后片裆宽处的宽度，按其具体的造型结构来定，最小为零，比基尼一般为9~14cm，丁字裤为1.5~4cm。

三、内裤各部位名称以及测量方法（图2-8）

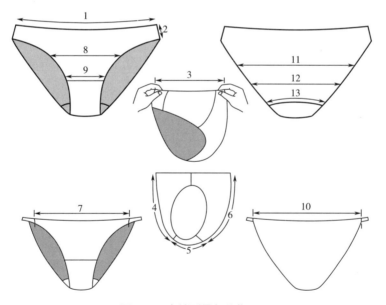

图2-8　内裤测量部位指示

1—1/2腰头宽，沿顶边缘放松测量　2—侧缝长，沿对折线测量　3—1/2脚口，对折脚口，沿脚口边缘放松测量
4—前中长，从前腰头量至前裆耻骨位，沿对折线测量　5—底裆长，从耻骨位量至尾椎骨位，沿对折线测量
6—后中长，从后尾椎骨量至后腰头，沿对折线测量　7—前腰头宽，沿前腰头顶边缘放松测量
8—1/2前中宽，测量前中长1/2处的宽度　9—前裆宽，沿耻骨位测量底裆前宽
10—后腰头宽，沿后腰头顶边缘放松测量　11—1/2后中宽，测量后中长1/2处的宽度
12—1/4后中宽，测量后中长（下）1/4处的宽度　13—后裆宽，沿尾椎骨位测量底裆后宽

第三节 三角裤

一、基本三角裤

1. **款式图**（图2-9）

2. **款式结构分析**

（1）结构特点：本款为三角裤中最为基本的款式，分为前片（幅）、底裆（浪）、后片（幅）三部分。

（2）面、辅料特点：面料为全幅弹力蕾丝面料，底裆里布为棉质平纹布。腰头为8mm丈巾（高弹贴边织带），脚口为6mm丈巾。

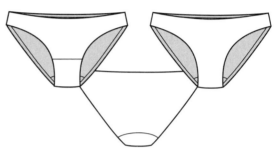

图2-9 基本三角裤款式图

（3）基本工艺：腰围人字连缝（落襟），脚口人字连缝（落襟）。后裆宽（后浪骨）处，四线包缝锁边（钑骨反包）；前裆宽（前浪骨）处四线锁边（钑骨）。侧缝（侧骨）处四线锁边（钑骨）；后中里钉商标（落唛头）；脚口丈巾于侧缝处（侧骨位）接口，并加固缝（打枣）；腰头于右侧侧缝处接口并加固缝（打枣）。

3. **成品规格**（表2-3）

裤中长，根据内裤腰围线位置，裤中长设计为44cm，底裆长设计为12cm。腰围尺寸参考人体臀围尺寸86cm左右，实际成品腰围尺寸的一半设计为32cm。

表2-3 基本三角裤成品规格　　　　　　　　　　　　　单位：cm

字母	部位	尺寸	字母	部位	尺寸
Ⓐ	腰围/2	32	Ⓔ	侧缝长（侧骨长）	5
Ⓑ	前中长	12.5	Ⓕ	前裆宽（前浪骨）	7
Ⓒ	后中长	19.5	Ⓖ	后裆宽（后浪骨）	10.5
Ⓓ	底裆长（底浪长）	12			

4. **纸样结构制图**

（1）基本三角裤前片连裆（连浪）纸样制图：为了制图方便，通常将前片和底裆纸样连在一起制作（图2-10）。

①腰围按原有尺寸的1.05倍加放量，是考虑工艺制作时，车缝丈巾后的自然回缩。

当然为了一些特殊的效果，可以将倍数加大或者减小。例如，要求腰头外观平整、无任何皱褶时，将不再增加工艺回缩。

②腰头做 1cm 的起翘，是考虑人体臀腰差的存在，上小下大的特点。这个尺寸是一个基本需求，当存在款式需要时可以加大这个数值。同时，前后腰围的起翘也可以不同。

③前中宽（前幅阔）位于前中长的一半处，宽度为 14~16cm。这一尺寸同前片的覆盖面有着直接的关系，通常来说这个尺寸是前片着身效果的标志性尺寸。

④底裆最窄处，通常位于前裆缝到中长底线的 1/2 处，其宽度为 6~6.5cm。此处中长为 1/2（前中长 + 后中长 + 底裆长）。

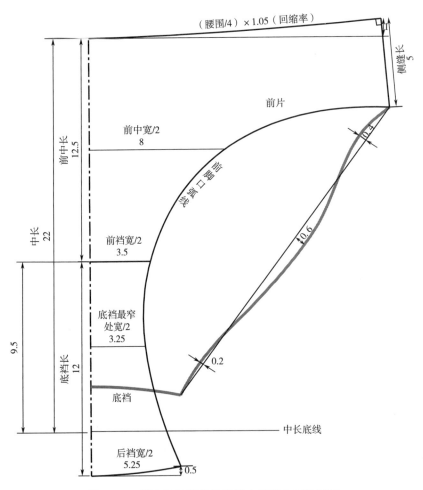

图 2-10　基本三角裤前片连裆（连浪）纸样制图

⑤底裆的后裆缝处的起翘量，通常为后裆宽一半的 1/10。这里取值 0.5cm。其作用通常为了车缝的顺畅性。

（2）基本三角裤后片纸样制图：后片的纸样直接在前片的基础上制作（图 2-11）。

①为了简单方便，后片的腰头、侧缝直接借用前片的结构线。

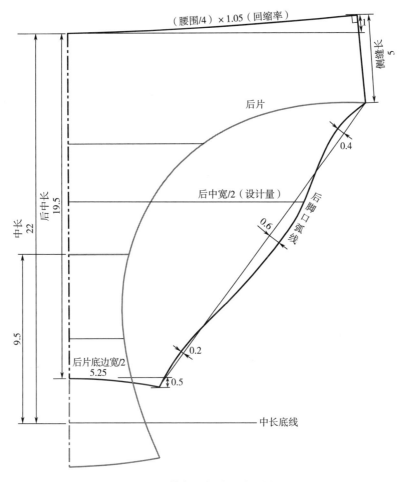

图 2-11　基本三角裤后片纸样制图

②后中宽（后幅阔）位于后中长的一半处，宽度作为设计区域，不同的款式类别有着不同的要求。这一尺寸同后片的覆盖面有着直接的关系，通常来说这个尺寸是后片着身效果的标志性尺寸。后片的脚口曲线，直接受这一尺寸的制约。也可以按照图中的标注，设计后片脚口弧线的设计。

③后片底边的起翘量，同后裆缝处的相同，只是方向相反。

（3）脚口尺寸制定：纸样完成后，根据测量脚口纸样尺寸为 51cm，按照 1.025~1.05 倍的工艺回缩量，得出脚口 /2 尺寸为 24.3cm。为了计算方便，可以取值 24.5cm。

5. 纸样检查（图 2-12）

拼接圆顺检查：纸样基本图完成后，我们需

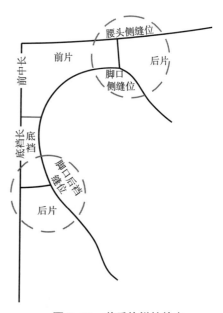

图 2-12　前后片拼接检查

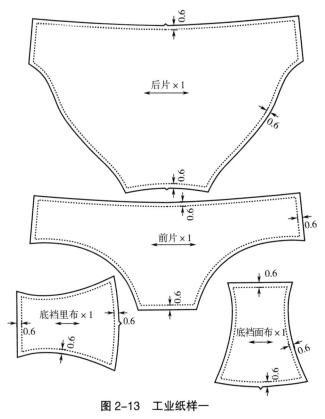

图 2-13 工业纸样一

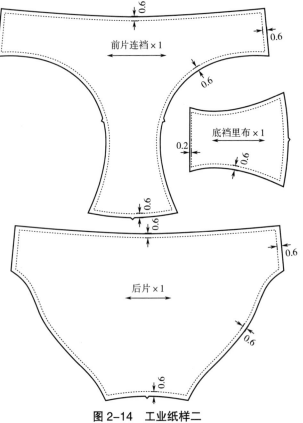

图 2-14 工业纸样二

要复查各个拼接部分的圆顺程度。对于这个款式来说，主要是针对腰头侧缝位、脚口侧缝位和脚口后裆缝位的拼合检查。

6. **工业纸样**（图 2-13、图 2-14）

工业纸样需要在结构图的基础上，根据车缝工艺增加所需要的缝份。并根据面料特点标注布纹纱线方向以及纸样信息。根据车缝难度做剪口标记。

（1）后片腰头中间剪口，可钉缝商标（落唛头）。

（2）后裆缝中间剪口，为车缝标准性设计。

（3）人字车缝丈巾的缝份为 0.5cm。

（4）四线锁边（钑骨）的缝份为 0.6cm。

7. **侧缝尺寸变化后的纸样设计**（图 2-15、图 2-16）

侧缝是三角内裤尺寸变化最大的部位，其尺寸变化足以改变整个三角裤的外观。变化的结构制图，是在之前基础纸样上，展示了不同侧缝长度的纸样变化。一般情况下，三角裤的侧缝长度不会低于臀围线。臀围线的位置在前裆缝上 5cm 左右的位置。当腰头起翘变化后，此尺寸会出现变化。

O 为原三角裤侧缝位置，侧缝长为 3.5cm。

A 侧缝为 5cm 时的纸样结构，同三角裤的外观变化不大。

B 侧缝为 8cm 时的纸样结

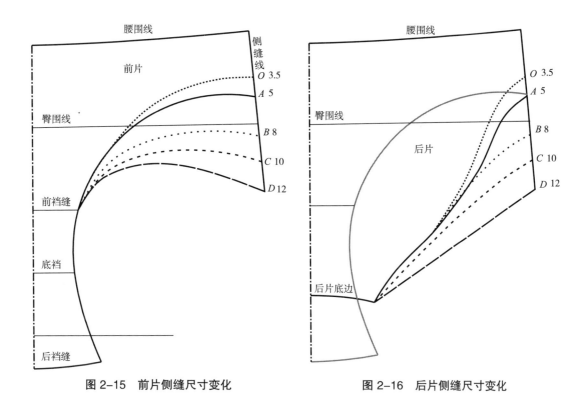

图 2-15　前片侧缝尺寸变化　　　　　　　　图 2-16　后片侧缝尺寸变化

构，脚口弧线已经有了明显的变化。

　　C 侧缝为 10cm 时的纸样结构，内裤结构外观已经接近平角裤。

　　D 侧缝为 12cm 时的纸样结构，这一类型的内裤已经可以称为平角裤了。这个位置，已经覆盖臀部。通常来讲，如果侧缝再加长，接近臀围线处的脚口将出现过紧的弊端。

8.纸样检查（图 2-17）

　　拼接圆顺检查：纸样基本图完成后，我们需要复查各个拼接部分的圆顺程度。在上节纸样检查的基础上，本次主要是针对脚口侧缝位和整个脚口弧线的顺畅程度的检查。从图 2-17 中可以看到，D 位置的脚口弧线已经出现外凸状态，我们最好避免这种情况的出现，此时可以通过加大后裆缝处的尺寸来改善这一问题。同时要保证穿着的舒适性以及外观效果。

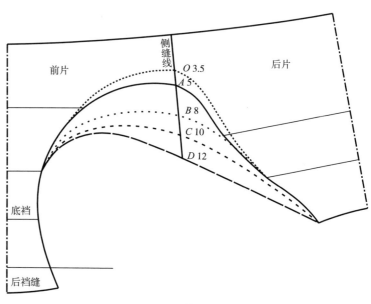

图 2-17　侧缝拼接检查图

图 2-18　花边三角裤款式图

二、花边三角裤

1. 款式图（图 2-18）

2. 款式结构分析

（1）结构特点：本款类似基本三角裤，分为前片连裆、后片花边两部分。

（2）面、辅料特点：面料为全幅弹力蕾丝面料，底裆里布为棉质平纹布。腰头为 10mm 丈巾，脚口为 8mm 丈巾。

（3）基本工艺：腰围人字车缝（落襟），脚口人字车缝（落襟）。

3. 成品规格（表 2-4）

裤中长，根据内裤腰围线位置，裤中长设计为 43cm，人体围尺寸为 86cm，底裆长设计为 12cm。

表 2-4　花边三角裤成品规格　　　　　　　　　　　　　　单位：cm

字母	部位	尺寸	字母	部位	尺寸
Ⓐ	腰围 /2	32	Ⓔ	侧缝长	6
Ⓑ	前中长	12	Ⓕ	前裆宽	7
Ⓒ	后中长	19	Ⓖ	后裆宽	9
Ⓓ	底裆长	12	Ⓗ	脚口 /2	23.9

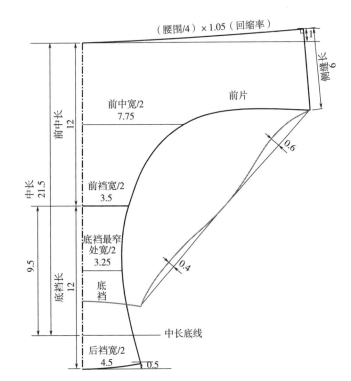

图 2-19　花边三角裤前片连裆纸样制图

4. 纸样结构制图

（1）花边三角裤前片连裆纸样制图（图 2-19）：

① 腰围按原有尺寸的 1.05 倍加放量，是考虑工艺制作时，车缝丈巾后的自然回缩。当然为了一些特殊的效果，可以将倍数加大或者减小。例如，要求腰头外观平整、无任何皱褶时，将不再增加工艺回缩。

② 腰头做 1cm 的起翘，是考虑人体臀腰差的存在，上小下大的特点。这个尺寸是一个基本需求，当存在款式需要时可以加大这个数值。同时，前后腰围的起翘也可以不同。

③前中宽位于前中长的一半处，宽度为 15.5cm。这一尺寸同前片的覆盖面有着直接的关系，通常来说这个尺寸是前片着身效果的标志性尺寸。

④底裆最窄位，通常位于底裆长的上 1/3 处，宽度为 6.5cm。此尺寸是设计稳定值。

⑤底裆的后裆缝的起翘量，通常为后裆宽一半的 1/10。这里取值 0.5cm。

（2）花边三角裤后片纸样制图：后片的纸样直接在前片的基础上制作。

①为了简单方便，后片的腰头、侧缝直接借用前片的结构线。

②后中宽位于后中长的一半处，宽度为 25cm。这一尺寸同后片的覆盖面有着直接的关系，通常来说这个尺寸是后片着身效果的标志性尺寸。后片的脚口曲线，直接受这一尺寸的制约。

③后片底边的起翘量，同后裆缝处的相同，只是方向相反。

（3）后片花边纸样处理（图 2-20）：由于花边是直线，后片脚口线必须为直线，所以，此款后片纸样需要做相应的变化，在保证后片宽度的基础上，我们把后中破缝，并做相应的变形处理。

（4）脚口尺寸制定：根据纸样测量脚口尺寸前片连裆长为 29.1cm，按照 1.05 倍的工艺回缩，得出前片连裆的脚口尺寸为 27.6cm，后片脚口花边的尺寸为 20.2cm，不需要回缩，最后得出脚口 /2 的尺寸为 23.9cm。

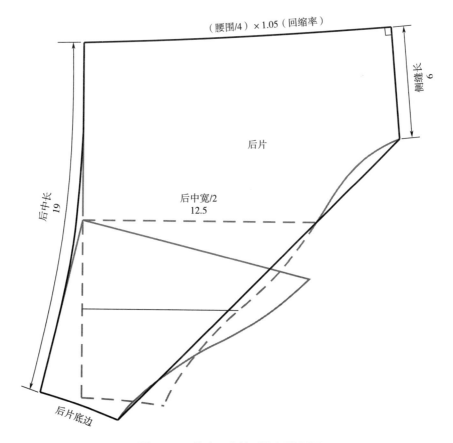

图 2-20 花边三角裤后片纸样制图

5. 工业纸样

我们需要在结构图的基础上，根据车缝工艺增加所需要的缝份。并根据面料特点标注布纹纱线方向以及纸样信息（图 2-21）。

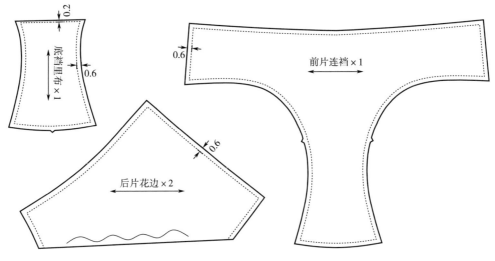

图 2-21　工业纸样

三、丁字样

1. 款式图（图 2-22）

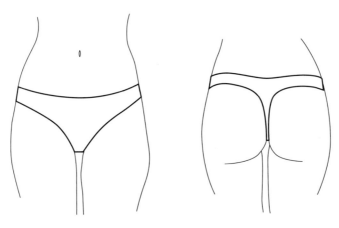

图 2-22　丁字裤款式图

2. 款式结构分析

（1）结构特点：本款为丁字裤中最为基本的款式，分为前片、底裆、后片三部分。

（2）面、辅料特点：面料为全幅弹力蕾丝面料，底裆里布为棉质平纹布。腰头为 8mm 丈巾，脚口为 6mm 丈巾。

（3）基本工艺：腰围、脚口锁边绲丈巾收边，人字机绲线。

3. 成品规格（表2-5）

表2-5 丁字裤成品规格

单位：cm

字母	部位	尺寸	字母	部位	尺寸
Ⓐ	腰围/2	32	Ⓔ	侧缝长	4.5
Ⓑ	前中长	10.5	Ⓕ	前裆宽	7
Ⓒ	后中长	15	Ⓖ	后裆宽	3
Ⓓ	底裆长	12	Ⓗ	脚口/2	26.5

4. 纸样结构制图

（1）丁字裤前片连裆纸样制图：为了制图方便，通常将前片和底裆纸样连在一起制作（图2-23）。

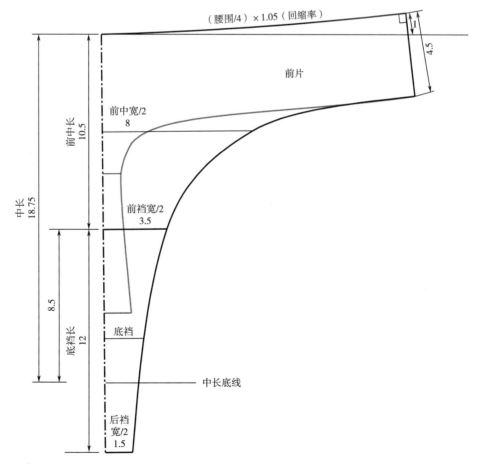

图2-23 丁字裤前片连裆纸样制图

①腰围按尺寸的 1.05 倍，是考虑工艺制作时，车缝丈巾后的自然回缩。当然为了一些特殊的效果，可以将倍数加大或者减小。例如，要求腰头外观平整、无任何皱褶时，将不再增加工艺回缩。

②腰头做 1cm 的起翘，是考虑人体臀腰差的存在，上小下大的特点。这个尺寸是一个基本需求，当存在款式需要时可以加大这个数值，满足臀腰差值。同时，前后腰围的起翘也可以不同。尤其是丁字裤，工艺条件允许的情况下，腰围线可以做水平。

③前中宽位于前中长的一半处，宽度为 16cm。比之前的基本三角裤尺寸加大，与侧缝尺寸以及前中长尺寸有着直接的关系。通常来说这个尺寸是前片着身效果的标志性尺寸。

（2）丁字裤后片纸样制图（图 2-24）：后片的纸样直接在前片的基础上制作。

①为了简单方便，后片的腰头、侧缝直接借用前片结构线。

②后中宽位于后中长的一半处，宽度为 2cm。这是丁字裤常见的后中宽。当然最小的后中宽可视材料而定，一般来说最窄为脚口丈巾（6mm）宽度的 2 倍 1.2cm。

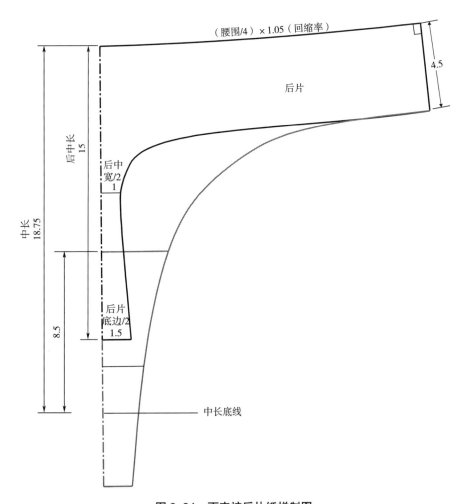

图 2-24　丁字裤后片纸样制图

5. 纸样检查

（1）拼接圆顺检查：纸样基本图完成后，我们需要复查各个拼接部分的圆顺程度。对于这个款式来说，主要是针对腰头侧缝位、脚口侧缝位和脚口后裆缝位的拼合检查（图2-25）。

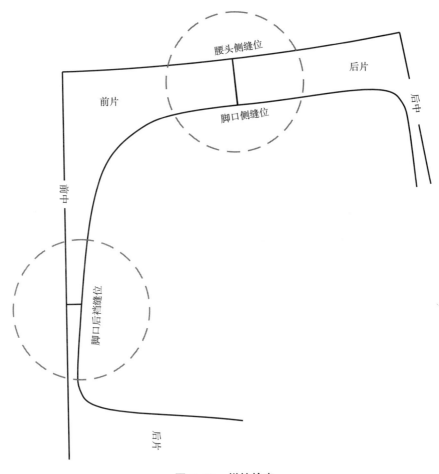

图 2-25　拼接检查

（2）脚口尺寸制定：根据纸样测量脚口尺寸为56cm，按照1.05倍的工艺回缩，我们得出脚口一半的尺寸为26.6cm。为了计算方便，可以取值26.5cm。

6. 工业纸样

我们需要在结构图的基础上，根据车缝工艺增加所需要的缝份，并根据面料特点标注布纹线以及纸样信息（图2-26）。

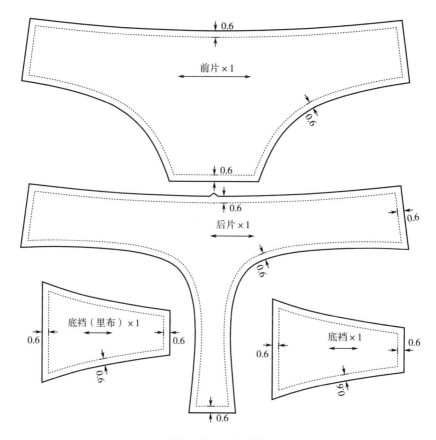

图 2-26　工业纸样

四、变化丁字裤

1. 款式图（图 2-27）

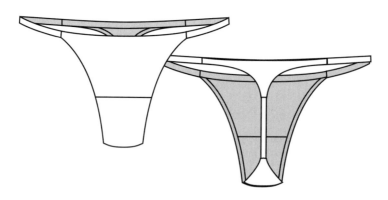

图 2-27　变化丁字裤款式图

2. 款式结构分析

（1）结构特点：本款为丁字裤中基本款式变化，分为前片、底档、后片三部分。

（2）面、辅料特点：面料为全幅弹力米高布，底档里布为棉质平纹布。腰头为

8mm 丈巾，脚口为 6mm 丈巾。

（3）基本工艺：腰围、脚口锁边车缝丈巾收边，人字机缉线。

3. 成品规格（表 2-6）

表 2-6　变化丁字裤成品规格　　　　　　　　　　　　单位：cm

字母	部位	尺寸	字母	部位	尺寸
Ⓐ	腰围/2	34	Ⓕ	底裆长	12
Ⓑ	前腰围	18	Ⓖ	侧带长（在两侧）	16
Ⓒ	后腰围	18	Ⓗ	尾带长（在后中）	10
Ⓓ	前中长	10.5	Ⓘ	前裆宽	7
Ⓔ	后中长	14.5			

4. 纸样结构制图

（1）变化丁字裤前片连裆纸样制图（图 2-28）：为了制图方便，通常将前片和底裆纸样连在一起制作。

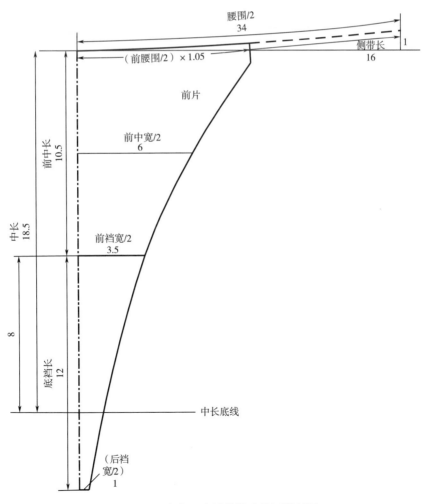

图 2-28　变化丁字裤前片连裆纸样制图

①按照腰围尺寸，做好腰围加放，前腰围按照 1.05 倍增加工艺回缩量。可以将倍数加大或者减小。例如，要求腰头外观平整、无任何皱褶时，将不再增加工艺回缩。本款腰围处用到侧带，是变化之处。

②腰头做 1cm 的起翘，是考虑人体臀腰差的存在，上小下大的特点。这类款式腰头可以做水平，工艺要处理好，达到平顺的成品外观。

③前中宽位于前中长的一半处，宽度为 12cm。此款尺寸受腰围宽度尺寸限制。

（2）变化丁字裤后片纸样制图：后片的纸样直接在前片的基础上制作（图 2-29）。

①为了简单方便，后片的腰头、侧缝直接借用前片结构线。

②后片按照后中长以及尾带长，做相应尺寸分割。完成后片脚口弧线。

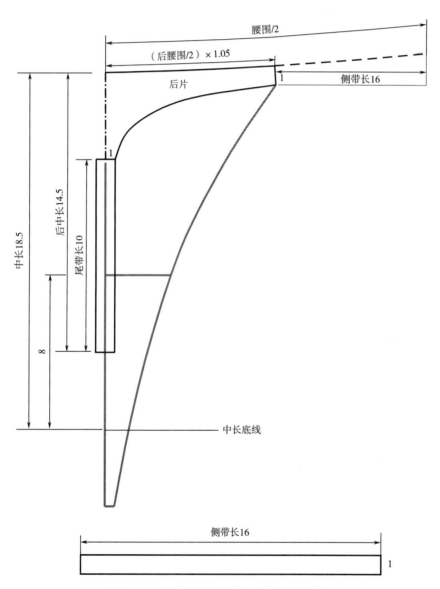

图 2-29 变化丁字裤侧带、后片纸样制图

5. 工业纸样

　　我们需要在结构图的基础上，根据车缝工艺增加所需要的缝份，并根据面料特点标注布纹纱线方向以及纸样信息（图 2-30）。

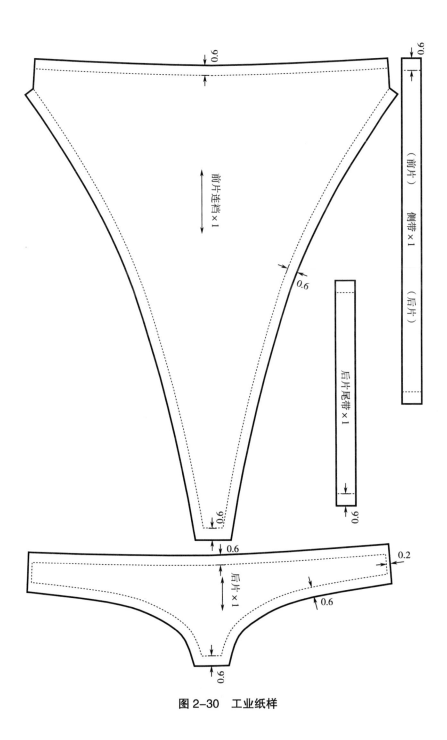

图 2-30　工业纸样

第四节　平角裤

一、基本平角裤

1. 款式图（图 2-31）

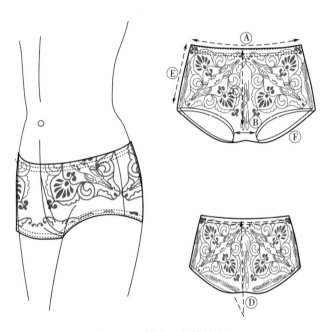

图 2-31　基本平角裤款式图

2. 款式结构分析

（1）结构特点：本款为平角裤中最基本的款式，平角裤侧缝相对较长，其重点是前后中线的裆弯处理。

（2）面、辅料特点：面料为弹力印花面料。腰头为 10mm 丈巾，脚口无丈巾。

（3）基本工艺：腰围人字机绲丈巾，冚车绷缝腰头，丈巾是包在里面的，2.8mm 双针冚车绷缝脚口折边，完成折边宽度 0.6cm。

3. 成品规格（表 2-7）

表 2-7　基本平角裤成品规格　　　　　　　　　　　　　　　　单位：cm

位标	部位	尺寸	位标	部位	尺寸
Ⓐ	腰围 /2	32	Ⓓ	后中长	26.5
Ⓑ	裆宽	9	Ⓔ	侧缝长	12.5
Ⓒ	前中长	16.5	Ⓕ	脚口围	51.8

（备注：字母对应见图 2-31）

裤中长，根据内裤腰围线位置，裤中长（前中长＋后中长）设计为43cm。裆宽的设计为臀围/4的25%。

4.纸样结构制图

（1）基本平角裤的基础纸样制图（图2-32）。

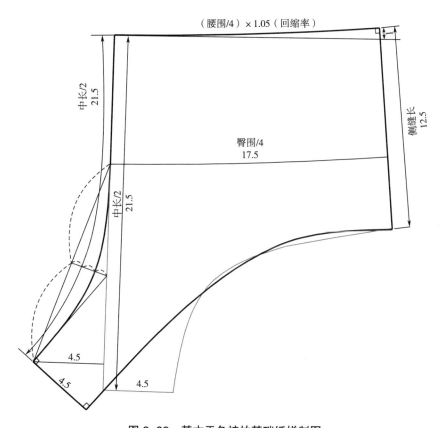

（腰围/4）×1.05（回缩率）

中长/2
21.5

侧缝长
12.5

中长/2
21.5

臀围/4
17.5

4.5

4.5

4.5

图 2-32　基本平角裤的基础纸样制图

①腰围按原尺寸的1.05倍加放，是考虑工艺制作时，车缝丈巾后的自然回缩。当然为了一些特殊的效果，可以将倍数加大或者减小。例如，要求腰头外观平整、无任何皱褶时，将不再增加工艺回缩。

②腰头做1cm的起翘，是考虑人体臀腰差，上小下大的特点。这个尺寸是一个基本需求，当存在款式需要时可以加大这个数值。同时，前后腰围的起翘也可以不同。

③臀围线的位置为腰围线下8cm处。臀围/4的尺寸为17.5cm。

④如图2-32的纸样，一个明显的弊端就是脚口太小，需要通过破开前后中、增加裆弯的方式，增加脚口尺寸。

⑤裆弯量为臀围/4的25%，计算出来为4.5cm。按照图中的等分原则初步做出前后中的弧线。

（2）前片纸样制图：按照前中长尺寸，制作前中弧线（图2-33）。

（3）后片纸样制图见图2-34。

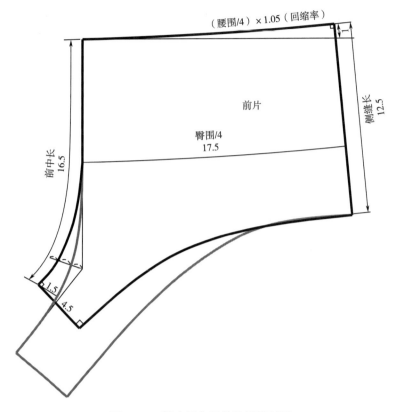

图 2-33　基本平角裤前片纸样制图

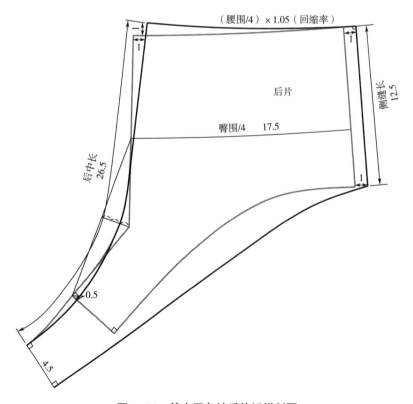

图 2-34　基本平角裤后片纸样制图

①后片的纸样直接在图 2-32 的基础上制作，后中腰围处做 1cm 的劈势，即 1cm 的后中起翘。

②后中弧线，按图 2-34 所示在基础纸样的基础上制作。

③侧缝线，根据臀围后片大于前片的原则，向后移 1cm。

④里裆的纸样，可以做菱形，也可以按照普通底裆里布的方式做相应的纸样。

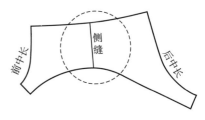

图 2-35　拼接检查

5. 纸样检查（图 2-35）

拼接圆顺检查：纸样基本图完成后，我们需要复查各个拼接部分的圆顺程度。对于这个款式来说，主要是针对腰头侧缝位和脚口侧缝位的拼合检查。

脚口尺寸的制订，根据纸样测量脚口尺寸为 51.8cm，由于脚口折边工艺，不做任何工艺回缩，脚口的一半的尺寸为 25.9cm。

6. 工业纸样

我们需要在结构图的基础上，根据车缝工艺增加所需要的缝份，并根据面料特点标注布纹纱线方向以及纸样信息（图 2-36）。

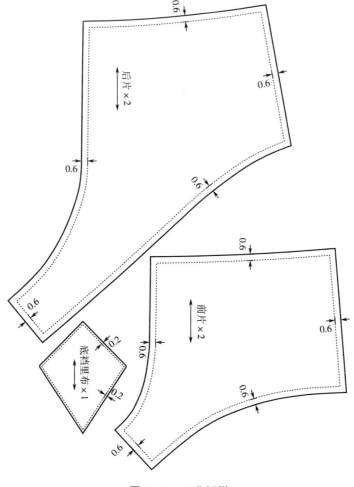

图 2-36　工业纸样

二、连裁平角裤

1. 款式图（图2-37）

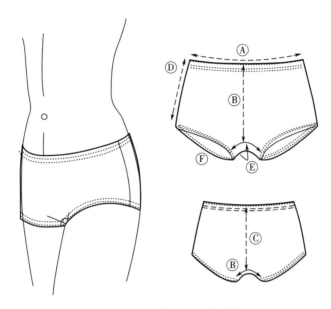

图2-37　连裁平角裤款式图

2. 款式结构分析

（1）结构特点：本款为平角裤中最基本的款式，前后中不破开。为了增加脚口尺寸，做拼裆的结构，类似三角裤的做法，需要将前后裆缝做特殊的处理。这个款式也是所有束身裤、瑜伽裤的基础结构。

（2）面、辅料特点：面料为弹力面料。腰头为6mm丈巾，脚口无丈巾。

（3）基本工艺：腰围绲丈巾锁边，凸车绷缝腰头，丈巾包在里面，2.8mm双针凸车绷缝脚口折边，完成折边宽度1.2cm。

3. 成品规格（表2-8）

表2-8　连裁平角裤成品规格　　　　　　　　　　单位：cm

位标	部位	尺寸	位标	部位	尺寸
Ⓐ	腰围/2	34	Ⓓ	侧缝长	18
Ⓑ	前中长	13.5	Ⓔ	底裆长	11
Ⓒ	后中长	19.5	Ⓕ	脚口围	47.8

根据内裤腰围线位置，裤中长设计为44cm，人体臀围尺寸为86cm。表中字母所代表位置见图2-37。

4.纸样结构制图（图2-38）

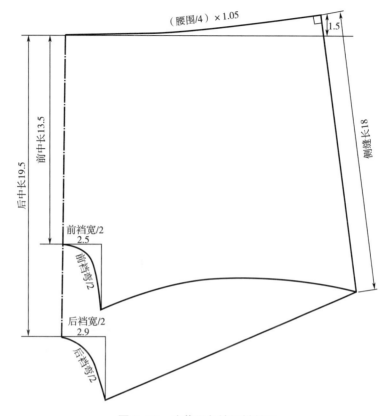

图 2-38　连裁平角裤纸样制图

（1）前后片基本结构纸样：

①腰围按原尺寸的 1.05 倍加放，是考虑工艺制作时，车缝丈巾后的自然回缩。当然为了一些特殊的效果，可以将倍数加大或者减小。例如，要求腰头外观平整、无任何皱褶时，将不再增加工艺回缩。

②腰头做 1.5cm 的起翘，是考虑人体臀腰差上小下大的特点。这个尺寸是一个基本需求，当存在款式需要时可以加大这个数值。同时，前后腰围的起翘也可以不同。

③根据人体的结构特点，前后裆缝完成后的宽度应为 2.5~3cm，在此范围内根据规定的前后裆宽的尺寸做出前后裆缝线。

（2）底裆基本结构纸样（图2-39）：根据底裆长和前后裆宽的尺寸，以及 1/2 底裆处每边向里收 0.5cm，就可以做出底裆的纸样。

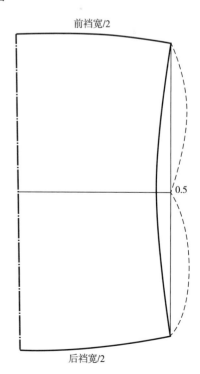

图 2-39　底裆纸样制图

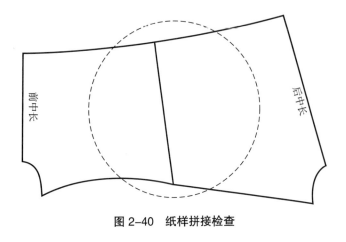

图 2-40　纸样拼接检查

5.纸样检查（图 2-40）

主要是拼接圆顺检查和内部尺寸的设定。

（1）拼接圆顺检查：纸样基本图完成后，我们需要复查各个拼接部分的圆顺程度。对于这个款式来说，主要是针对腰头侧缝位和脚口侧缝位拼合检查。

（2）脚口尺寸制定：根据纸样测量脚口尺寸为 47.8cm，脚口尺寸的一半为 23.9cm。

6.工业纸样

我们需要在结构图的基础上，根据车缝工艺增加所需要的缝份，并根据面料特点标注布纹纱线方向以及纸样信息（图 2-41）。

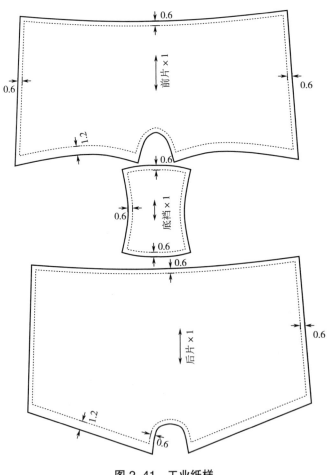

图 2-41　工业纸样

三、花边平角裤

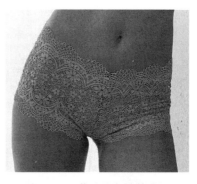

图 2-42 花边平角裤款式图

1. 款式图（图 2-42）

2. 款式结构分析

（1）结构特点：本款为平角裤中最基本的款式，腰头和脚口均为花边，需要在固定的花边条的基础上处理前后片花边纸样。

（2）面、辅料特点：16cm 宽花边，平纹布做底裆里布。

（3）基本工艺：工艺简单，只需要锁边车缝（钑骨）前后中，底裆里布先用三线锁边机缉（钑）四边，然后用单针人字机缉缝在花边上。

3. 成品规格（表 2-9）

表 2-9 花边平角裤成品规格 单位：cm

字母	部位	尺寸	字母	部位	尺寸
Ⓐ	腰围 /2	34	Ⓓ	侧缝长	12.5
Ⓑ	前中长	18	Ⓔ	底裆	8
Ⓒ	后中长	24			

根据内裤腰围线位置，裤中长设计为 42m，人体臀围尺寸为 86cm，腰头设计尺寸为 34cm。

4. 纸样结构制图（图 2-43）

（1）根据中长的一半为 21cm 计算，腰围线下 7cm 处为臀围线。臀围线下 14cm 的处理，参照图 2-32 所示画基础纸样中长线。

（2）腰头做 1.5cm 的劈势，目的为体现臀腰差。

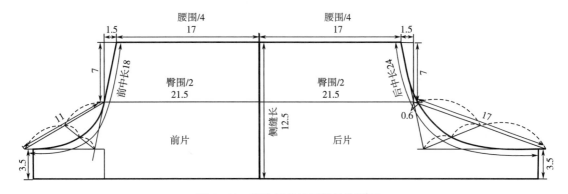

图 2-43 花边平角裤纸样结构制图

（3）按照前后中长尺寸设计前后中线弧线，并按照半中长 21cm 基础中长线，做出底裆等分位。前后中线的弧度，将参考此等分线做相应的调整。

（4）通过基础中长线等分的中点，做前中弧线，并按照前中长设计前裆弯线位置。

（5）在基础中长线的等分点，按照后中长顺延，做出后中弧线，并做出后裆弯位置。

（6）按照侧缝对称的方式，将前后片展开，完成花边平角裤纸样。

（7）按照普通底裆结构，制出里布纸样。

5. 工业纸样

我们需要在结构图的基础上，根据车缝工艺增加所需要的缝份，并根据面料特点标注花边方向以及纸样信息（图2-44）。

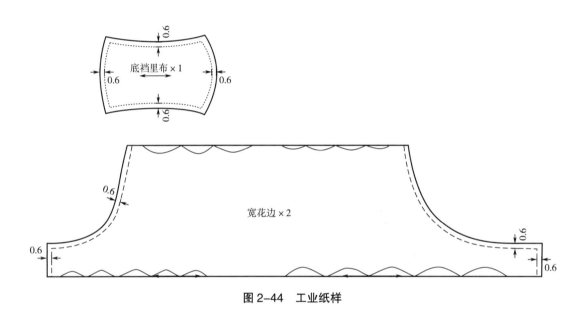

图2-44　工业纸样

第五节　运动长裤、瑜伽裤

一、款式图（图2-45）

二、款式结构分析

（1）款式结构：作为瑜伽裤基础款式结构，裤身为一片式结构，内侧缝为接缝处。增加菱形裆底，补足一片式结构活动量不足的缺点。腰部结构加宽加厚（表2-10）。

（2）面料特点：使用高回弹、中厚度面料。

（3）工艺特点：㞎车绷缝为主，锁边辅助。

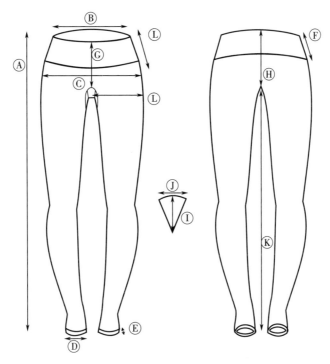

图 2-45　运动长裤、瑜伽裤款式图

三、成品规格（表 2-10）

表 2-10　运动长裤、瑜伽裤成品规格　　　　　　　　　　　　　单位：cm

位标	部位	尺寸	位标	部位	尺寸
Ⓐ	裤长	86	Ⓖ	前中长	22
Ⓑ	腰围 /2	30.5	Ⓗ	后中长	42.5
Ⓒ	臀围 /2	36	Ⓘ	底裆宽	6
Ⓓ	脚口 /2	9.5	Ⓙ	底裆长	9
Ⓔ	脚口高	1.2	Ⓚ	内侧缝长	62.5
Ⓕ	腰腹高	9	Ⓛ	腰臀高	15

四、纸样制图（图 2-46）

（1）前后裆弯量的处理是款式结构的重点，前裆弯 1.5cm，后裆弯 8.5cm。

（2）底裆部分：为了不影响外观，通常长度不超过 9cm。

（3）侧缝线的设计，需要做好前后腰围、前后臀围、前后膝围、前后脚口的分配。

（4）后中起翘：要做收省处理，让腰臀造型更加合体。

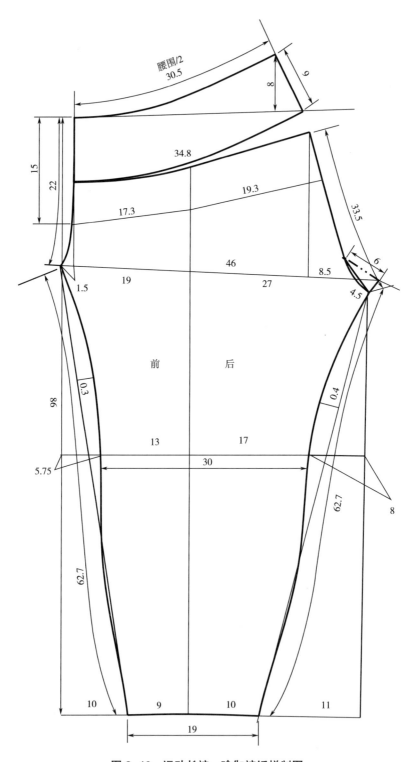

图 2-46　运动长裤、瑜伽裤纸样制图

五、工业纸样（图2-47）

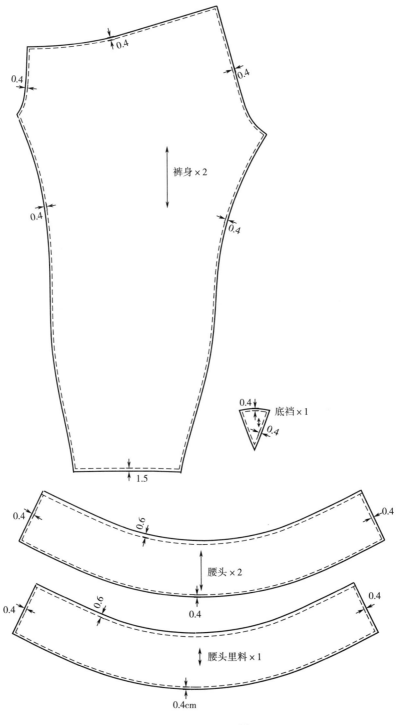

图 2-47 工业纸样

第六节　束裤

一、中腰三角束裤

1. 款式图（图 2-48）

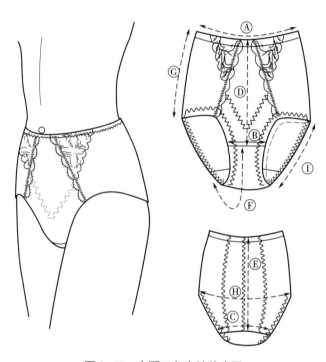

图 2-48　中腰三角束裤款式图

2. 款式分析

本款为束裤中常见的基本款式。内裤侧缝相对较长，腰头较高。其重点是对前后片加强收身部位的把握（表 2-11）。

表 2-11　中腰三角束裤成品规格　　　　　　　　　　　　单位：cm

位标	部位	尺寸	位标	部位	尺寸
Ⓐ	腰围/2	26	Ⓕ	底裆长	13.5
Ⓑ	前裆宽	7	Ⓖ	侧缝长	18.5
Ⓒ	后裆宽	13.5	Ⓗ	臀围/2	35
Ⓓ	前中长	20.5	Ⓘ	脚口/2	22
Ⓔ	后中长	25.5			

3. 主要面、辅料

拉架弹性面料、平纹针织布、花边。

4. 制图要点（图 2-49）

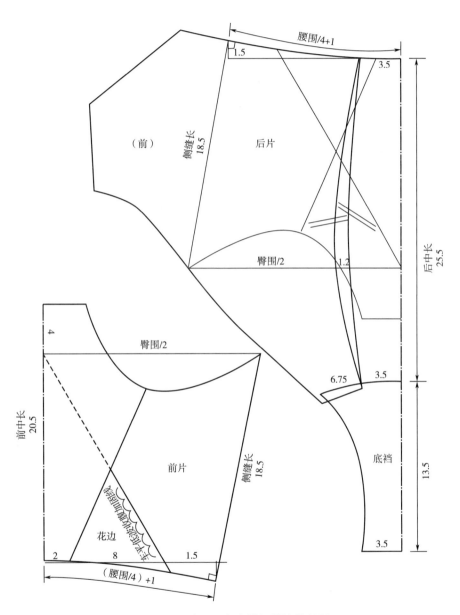

图 2-49　中腰三角束裤纸样结构制图

（1）腰头吃势按每 15cm 中缩 1cm 的比例计算，脚口吃势与腰头相近。

（2）后片侧部纵向断开，在臀围处加强对臀部的包容性、承托性。

（3）为了穿着舒适度以及活动方便，脚口采取三角形。

二、中腰加强收腹三角束裤

1. 款式图（图 2-50）

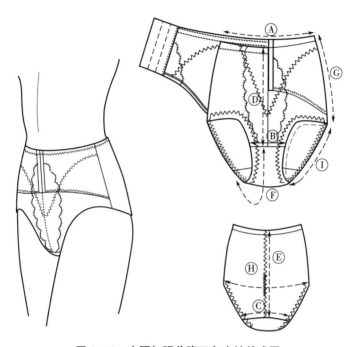

图 2-50　中腰加强收腹三角束裤款式图

2. 款式分析

本款为束裤中加强收腹的款式。同前一款一样，内裤侧缝相对较长，腰头较高。其重点是对前、后片加强收身部位的把握。在前片增加了腹带，与内裤后片相连（表 2-12）。

表 2-12　中腰加强收腹三角束裤成品规格　　　　　　　　单位：cm

位标	部位	尺寸	位标	部位	尺寸
Ⓐ	腰围/2	26	Ⓕ	底裆长	13.5
Ⓑ	前裆宽	7	Ⓖ	侧缝长	24.5
Ⓒ	后裆宽	13.5	Ⓗ	臀围/2	36
Ⓓ	前中长	20.5	Ⓘ	脚口/2	22
Ⓔ	后中长	28.5			

3. 主要面、辅料

拉架弹性面料、平纹针织布。

4. 制图要点（图 2-51）

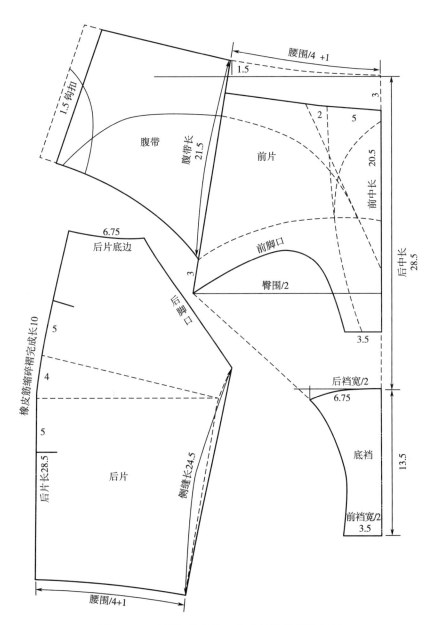

图 2-51　中腰加强收腹三角束裤纸样结构制图

（1）腰头吃势按每 15cm 中缩 1cm 的比例计算，脚口吃势与腰头相近。

（2）前片腹带与内裤后片相连，并高于内裤前腰头。后片在臀围处收碎褶加强对臀部的包容性、承托性。

（3）为了穿着的舒适度以及活动方便，脚口设计为三角形。

三、长腿型收腹束裤

1. 款式图（图2-52）

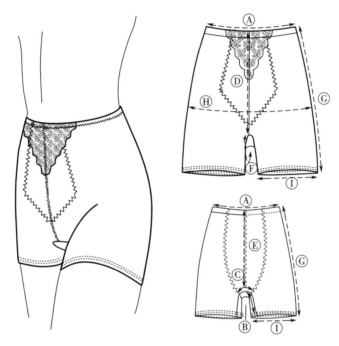

图2-52　长腿型收腹束裤款式图

2. 款式分析

本款为束裤中最具功能性的款式。束裤侧缝及内侧缝较长，腰头较高。其重点是对前、后片加强收身部位的把握以及对底裆、裆弯和脚口大小的处理（表2-13）。

表2-13　长腿型收腹束裤成品规格　　　　单位：cm

位标	部位	尺寸	位标	部位	尺寸
Ⓐ	腰围/2	27	Ⓕ	底裆长	10.5
Ⓑ	内侧缝长	15	Ⓖ	侧缝长	38
Ⓒ	后裆宽	9	Ⓗ	臀围/2	36
Ⓓ	前中长	22	Ⓘ	脚口/2	17.5
Ⓔ	后中长	27			

3. 主要面、辅料

拉架弹性面料、平纹针织布、花边。

4. 制图要点（图2-53）

（1）腰头吃势按每10cm中缩1cm的比例计算，脚口吃势与腰头相近。

（2）前片与后侧片连裁。后中分割，在臀围处加强对臀部的包容性、承托性。

（3）为了穿着的舒适度以及活动方便，加底裆的设计。

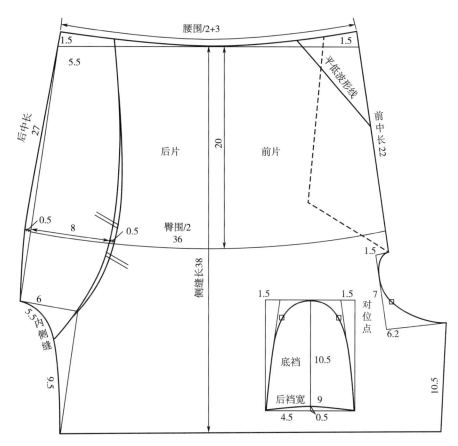

图2-53 长腿型收腹束裤纸样结构制图

第七节 男式内裤

一、普通男式三角裤

1. 款式图（图2-54）

2. 款式分析

本款为男式内裤中最基本的款式，又称象鼻裤。男式内裤侧缝相对较长，前、后中长相差不大。其重点是前中象鼻弯度的取舍以及脚口的处理（表2-14）。

3. 主要面、辅料

弹力平纹布、平纹针织布。

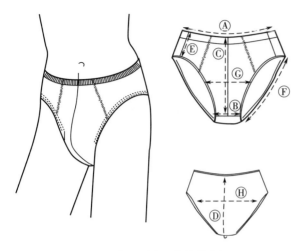

图 2-54 普通男式三角裤款式图

表 2-14 普通男式三角裤成品规格

单位：cm

位标	部位	尺寸
Ⓐ	腰围/2	32
Ⓑ	裆宽	9
Ⓒ	前中长	29
Ⓓ	后中长	32
Ⓔ	侧缝长	8
Ⓕ	脚口/2	25
Ⓖ	前片中宽	16
Ⓗ	后片中宽	33

4. 制图要点（图 2-55）

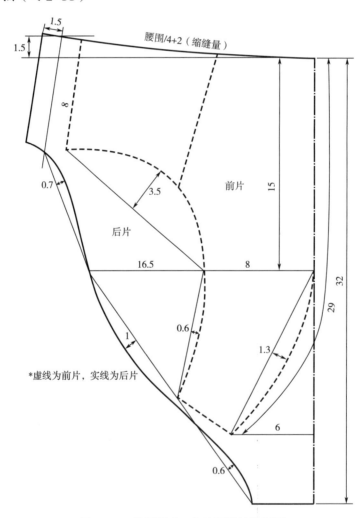

图 2-55 普通男式三角裤纸样结构制图

（1）腰头吃势按每15cm中缩2cm的比例计算，脚口的吃势与腰头近似。

（2）前后片的腰头一般存在大小差，侧缝线向前1~2cm，前中象鼻弯度宽一般为5~6cm。

（3）由于生理原因，前片象鼻处一般为双层布幅，开口设计。

二、普通男式平角裤

1. 款式图（图2-56）

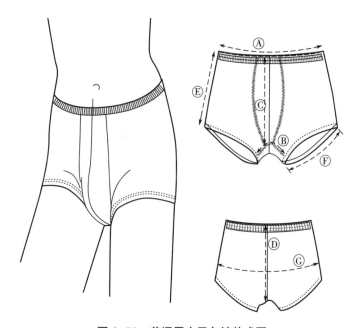

图 2-56　普通男士平角裤款式图

2. 款式分析

本款为男式平角裤中最基本的款式。男式平角裤侧缝相对较长，前、后中长相差不大。其重点也是前中象鼻弯度的制图以及脚口的处理（表2-15）。

表2-15　普通男式平角裤成品规格　　　　　单位：cm

位标	部位	尺寸	位标	部位	尺寸
Ⓐ	腰围/2	30	Ⓔ	侧缝长	21
Ⓑ	档宽	13	Ⓕ	脚口/2	24
Ⓒ	前中长	23	Ⓖ	臀围/2	43
Ⓓ	后中长	26			

3. 主要面、辅料

弹力平纹布、平纹针织布。

4.制图要点（图2-57）

（1）腰头吃势按每15cm中缩2cm的比例计算，脚口折边，无吃势。

（2）后中断开，侧缝连裁，前中象鼻弯度宽一般为5~6cm。

（3）由于生理原因，前片象鼻处一般为双层。

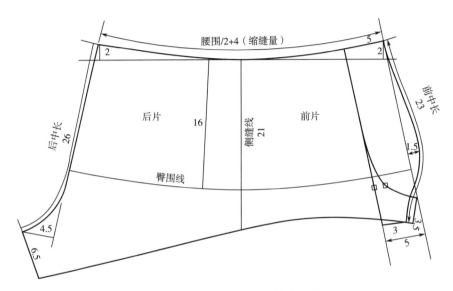

图2-57　普通男式平角裤纸样结构制图

三、前搭门男式平角裤

1.款式图（图2-58）

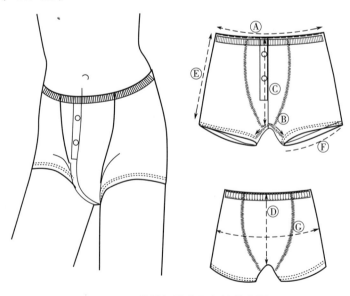

图2-58　前搭门男式平角裤款式图

2. 款式分析

本款为男式平角裤中的另一基本款式。前搭门男式平角裤侧缝相对较长，前、后中长相差不大。其重点也是前中搭门、象鼻处的相应变化的制图以及对后片的处理（表2-16）。

表2-16　前搭门男式平角裤成品规格　　　　　　　　　　单位：cm

位标	部位	尺寸	位标	部位	尺寸
Ⓐ	腰围/2	30	Ⓔ	侧缝长	28
Ⓑ	裆宽	21	Ⓕ	脚口/2	23
Ⓒ	前中长	28.5	Ⓖ	臀围/2	43
Ⓓ	后中长	26			

3. 主要面、辅料

弹力平纹布、平纹针织布。

4. 制图要点（图2-59）

（1）腰头吃势按每15cm中缩2cm的比例计算，脚口折边，无吃势。

（2）侧缝连裁，后侧断开，前中搭门宽一般为3cm。

（3）由于生理原因，前片象鼻处一般为双层。

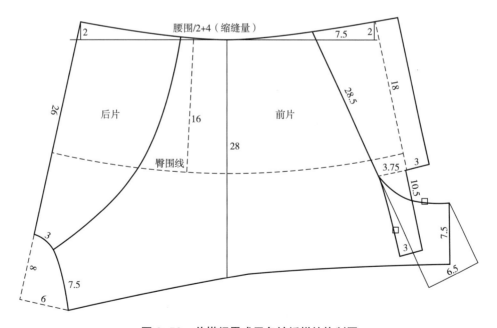

图2-59　前搭门男式平角裤纸样结构制图

第三章　经典文胸纸样结构制图

第一节　文胸基本结构与号型规格

一、文胸基本结构组成及各部位名称（图3-1）

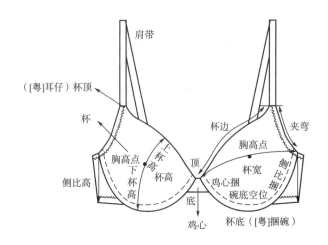

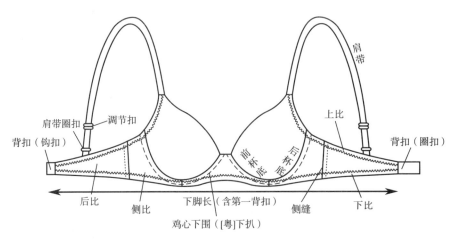

图3-1　文胸基本结构及各部位名称

二、文胸基本结构组成及分类

1. 罩杯

从塑形功能上可以分为钢圈罩杯和无钢圈罩杯（图3-2、图3-3）。钢圈是使罩杯起到承托功能的基础。钢圈斜杯对胸部具有聚拢、上推的效果，使胸部弧线造型圆润丰满。无钢圈罩杯塑形性差，但穿着舒适自然。

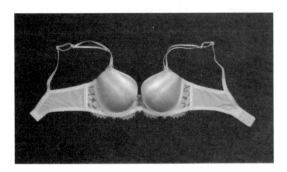

图 3-2　钢圈罩杯

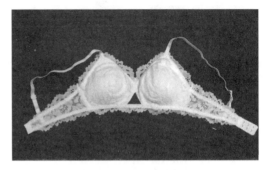

图 3-3　无钢圈罩杯

从罩杯材料上可以分为普通拼缝软围、模棉罩杯、拼棉罩杯（图 3-4~ 图 3-7）。

图 3-4　普通拼缝软围

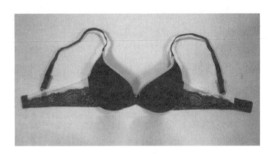

图 3-5　模棉罩杯

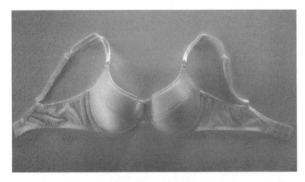

图 3-6　拼棉罩杯

图 3-7　拼棉罩杯内侧结构示意

从罩杯内侧边形态可以分为"V"字罩杯、"一"字罩杯（图 3-8、图 3-9）。判断罩杯好坏的标准，是文胸着身后罩杯与人体各个角度相贴合的自然美感。

2. 鸡心与比

鸡心是连接两个罩杯的部位，起到聚拢并固定两边罩杯的作用。所以鸡心通常采用无弹力材料作为衬里，确保文胸穿着时不受拉力影响而变形。

图3-8　"V"字罩杯

图3-9　"一"字罩杯

　　鸡心根据款式变化要求，分为无下围（［粤］下扒）和有下围两种（图3-10、图3-11）。下围可以支撑罩杯，防止乳房下垂，收住多余赘肉。

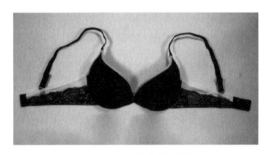

图3-10　无鸡心下围

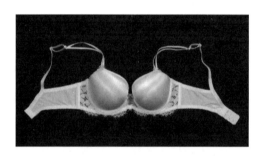

图3-11　有鸡心下围

　　鸡心根据位置变化要求，可分为高鸡心（图3-9）、普通鸡心（图3-11）、低鸡心（图3-12）以及连鸡心（图3-13）四种。

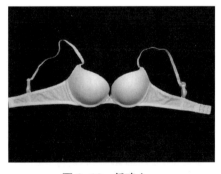

图3-12　低鸡心

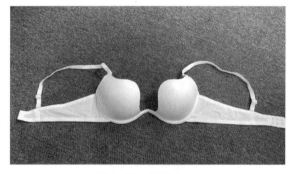

图3-13　连鸡心

　　后比，以拉架弹性面料为主；侧比，近罩杯位，3 cm左右通常破开，加定型纱以固定罩杯；后中有可调节钩扣。根据后比的造型，后中结构又分为"U"字比（图3-14）和"一"字比（图3-15）。

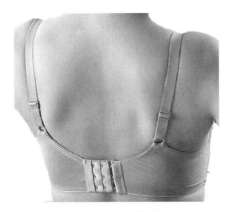

图 3-14 "U"字比

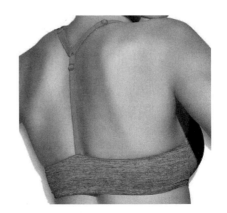

图 3-15 "一"字比

3. 钢圈（图 3-16）与钢圈套（图 3-17）

钢圈同钢圈套组合一起，用于文胸罩杯的下半部边缘，是保持文胸形状的重要组成部分。它们可以使文胸保持完美的外形，使文胸更加贴身，从而固定胸部、塑造胸部完美造型。对钢圈的认识主要从钢圈的外形、内径和外长来判断。钢圈的外形是指钢圈的形状；钢圈的内径是指钢圈的两个端点（心位和侧位）的内缘的直线长度；钢圈的外长则是指钢圈的外缘弧线的长度。

图 3-16 钢圈

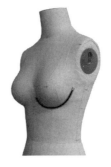

图 3-17 钢圈套

一般情况下，75B 规格的文胸，其钢圈内径为 12.4cm，国内大多按照 11.8cm 制订。

外长则是根据不同的心位而定。钢圈按照鸡心高低（分为高鸡心、普通鸡心、低鸡心、连鸡心等不同类型）不同，外长也随之不同。高鸡心参考线为胸围线，即心位在胸围线上下（图 3-18）。

心位是指鸡心位置，侧位位置一般固定。

4. 内衣扣

内衣扣是用于肩带、后中、前中的金属或塑料的环、钩，起固定、连接的作用。内衣扣的种类繁多，宽窄造型不一。例如，"8"字扣、"9"字扣、"0"字扣等。8/9/0 字扣可调节肩带的长短，其内径决定了与其相配的物料或部件的宽度（图 3-19）。

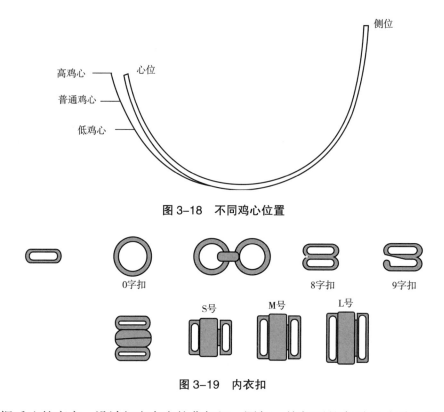

图 3-18 不同鸡心位置

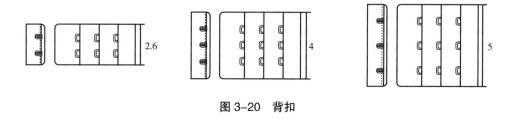

图 3-19 内衣扣

根据后比的宽窄，设计相应宽度的背扣组。圈扣、钩扣要整齐平整（图 3-20）。

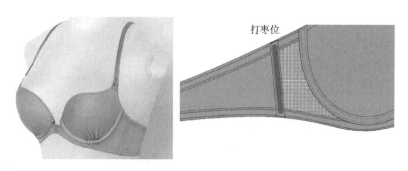

图 3-20 背扣

5. 胶骨

胶骨通常用于文胸两侧，同钢圈一样起到支撑作用。按照胶骨套打枣位之间的尺寸，胶骨应比胶骨套短 0.5~1cm，打枣应尽可能地靠近上下边缘（图 3-21）。

图 3-21 两侧用胶骨的文胸

从材质上来分，胶骨通常分为塑料材质和钢丝材质两种，后者也称为鱼鳞骨（图3-22、图3-23）。

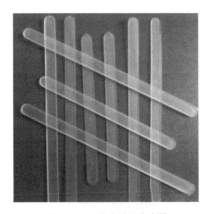

图3-22 塑料材质胶骨

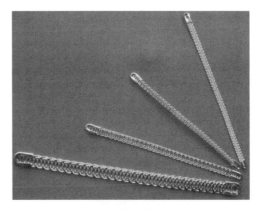

图3-23 钢丝材质胶骨（鱼鳞骨）

6. 肩带

在后比里侧吊肩带，要跟比位的纸样相配，保证着身后，上比的形状是平顺的（图3-24~图3-26）。肩带，可以进行长度调节，利用肩带吊住罩杯，起到承托作用。在前部，连接罩杯有不同的设计方式。

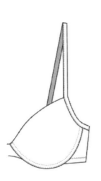

图3-24 连体肩带

图3-25 独立肩带

三、号型规格

文胸尺码标准分为亚洲标准和欧洲标准。

亚洲尺码一般表示为65A、70A、70B、75C、80C等，可分解为数字码和字母码。数字码表示下胸围的尺寸，通常是用厘米（cm）为单位得出的数值；字母码代表罩杯大小，是胸围与下胸围的差值，A型的差值为10cm左右，B型的差值在12.5cm左右，C型差值在15cm左右，

图3-26 后比里肩带

以 2.5cm 为基准依次类推。

欧洲码通常用 32A、34A、34B、36C、38D 等表示，同样也可分解为数字码和字母码。其中数字码有两种计算方式：第一种是指上胸围（过腋下）尺寸，第二种是由下胸围的尺寸计算得出，一般是用英寸为单位，是测量出的下胸围尺寸加上 4in（英寸）或者 5in 得出的数字，当测量的尺寸为偶数时加 4in，当测量的尺寸是奇数时则加 5in。字母码表示罩杯大小，A 型是上胸围尺寸与胸围的差值为 0 时，B 型是上胸围尺寸与胸围的差值为 1in，C 型是上胸围尺寸与胸围的差值为 2in，D 型是上胸围与胸围的差值为 3in，依此类推（图 3-27、图 3-28）。

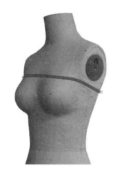

图 3-27　测量上胸围

图 3-28　测量胸围

不同的品牌对于罩杯的标注方法也是不同的，亚洲的品牌通常是以 A、B、C、D、E、F、G、H 来排列的，英国是以 AA、A、B、C、D、DD、E、F、FF、G、GG、H、HH、J、K、L 排列的，美国则是以 AA、A、B、C、D、DD、DDD 的标准来排列的。有时为区分亚欧尺码，亚码标注为 B75，欧码标注为 75B（表 3-1）。

表 3-1　文胸尺码与人体尺寸对应　　　　　　　单位：cm

尺码	胸围	下胸围
75A	85	75
75B	87.5	75
75C	90	75
75D	92.5	75

第二节　文胸纸样设计的人体基础

一、相关文胸的人体尺寸

文胸的纸样设计，需要对人体胸部尺寸有详细的了解。以 75B 为例，简述文胸纸样设计所需测量的相应部位以及尺寸（图3-29）。

①胸围：过人体胸高点水平围量一周所得的尺寸。以侧缝分割为前胸围、后胸围。按照胸部边缘轮廓，以胸高点为分割点，可以将胸部分为前中宽、前胸宽、后胸宽。

②下胸围：过人体胸部下缘底点水平围量一周所得的尺寸。

③腰围：过人体腰围线水平围量一周所得的尺寸。

④胸围至下胸围高：胸围线到下胸围线的垂直距离。

⑤下胸围至腰围线高：下胸围到腰围线的垂直距离。

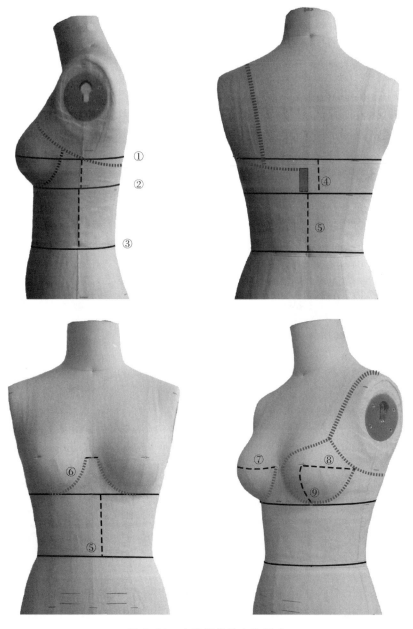

图3-29　文胸相关的人体尺寸

⑥前中宽：前中两胸部边缘之间的距离。

⑦前胸宽：前胸边缘到胸高点的弧线距离。

⑧后胸宽：侧胸边缘到胸高点的弧线距离。

⑨下胸高：胸高点到胸下边缘的弧线距离。

此部分尺寸，对于文胸纸样结构的设计至关重要，是必需的参考尺寸。例如，"前中宽"经常作为文胸的鸡心顶宽的参考。前后胸宽作为杯宽的设计参考。

除以上尺寸，我们还需要测量肩线到胸围线的尺寸；前中颈窝点到胸围线尺寸；后颈点到胸围线尺寸；肩颈点到前后胸围线尺寸。这些尺寸可以在后面对应的纸样中做相应的尺寸标注。

二、对应人体的纸样结构

根据 75B 人体形态，标明相应部位尺寸，并做出纸样。

1. 前片（图 3-30）

2. 后片（图 3-31）

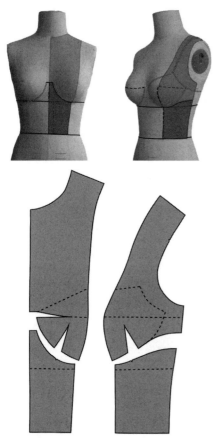

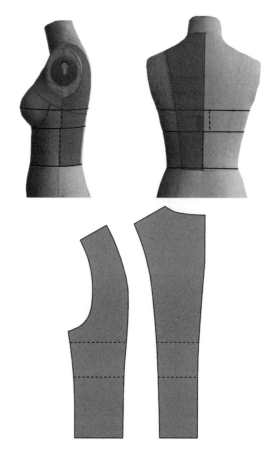

图 3-30　人体前片净纸样设计　　　　　　图 3-31　人体后片净纸样设计

三、文胸成品尺寸设计

成品尺寸既是对目标客户群的总结，也是客户群选择的标准。同时还承担起检验工艺的参考标准。细节尺寸对工艺制作、产品质量具有指导性作用。

（一）必须尺寸

以 75B 文胸为例，纸样制图的必须尺寸可分为固定尺寸和可设计尺寸（图 3–1）。

1. 固定尺寸

（1）下脚长：按照比位拉长比例（500g 拉长尺寸为 73~77cm）计算，通常含背扣长度为 60cm 左右。

（2）下杯高：针对人体下胸高尺寸，不计钢圈套 8.5cm。

（3）杯宽：根据人体胸宽尺寸，不计钢圈套 19.5cm。

（4）杯底（捆碗）：根据钢圈穿入钢圈套后，预留 0.8cm 空位以及两端加固（打枣）所需量 0.5cm 后测量所得长度。通常外线尺寸为钢圈长加 1.5~2.0cm，内线尺寸为钢圈长度加 0~0.5cm。

2. 可设计尺寸

为了控制成品外观，以及车缝工艺质量稳定，还需要以下可设计尺寸。

（1）鸡心顶：根据人体前中宽，顺捆的含钢圈套 2cm，反捆的不含钢圈套 0.3cm。根据设计款式不同，可以适当加大或者减小。

（2）鸡心底：不同的钢圈，不同的高度，会有着不同的尺寸。需要根据钢圈设计以及鸡心形状的设计综合缉缝工艺回缩而定。

（3）侧比高：根据不同的钢圈、不同的款式而定。

（4）上比长：根据下脚长度以及着身后的松紧度而定。

（5）下比长：根据下脚长度以及款式设计而定。

（6）后肩带距离：通常按照着身尺寸为 18cm，确定后带距的成品尺寸。按照比位拉长比例，成品尺寸在 4.5cm 左右。

（7）肩带长：按照着身松紧度而定。不同的材料长度不同。按照不同的款式，通常在 38~44cm。

（8）杯边：根据款式设计以及前肩带距离而定。

（9）夹弯：根据款式设计以及前肩带距离而定。

（10）上杯高：根据款式设计而定。

（二）分段尺寸

分段尺寸将关系着罩杯着身后位置的准确度、成品下脚尺寸的稳定。

（1）前杯底（鸡心捆）：鸡心部分捆碗尺寸。

（2）侧杯底（侧比捆）：侧比部分捆碗尺寸。

（3）碗底空位：鸡心捆与侧比捆之间的捆碗尺寸。

第三节　文胸基本纸样——鸡心和比的纸样设计

一、钢圈摆位的设计

钢圈的摆放通常有以下几种方案：人体模拟法、钢圈底点法、侧位垂直法、罩杯塑型综合法。每一种方案，都有各自的优缺点，可针对性地解决相关的问题。

1. 人体模拟法

钢圈的设计是依据人体胸部下缘弧线做出。因此钢圈的摆放，必须参照人体着身时的状态。如图3-32所示，钢圈底部的最低点，对应人体胸部下缘的最低点，整体弧度与人体吻合。

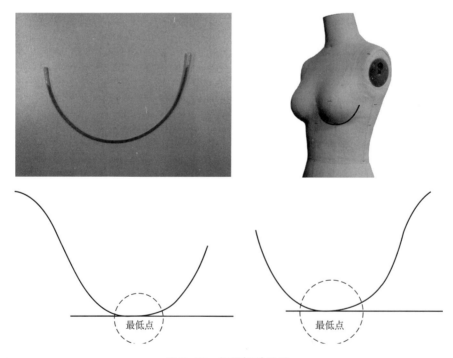

图3-32　钢圈摆放位置

将钢圈入钢圈套后，留足钢圈虚位。将内置钢圈的钢圈套放在胸部下缘的位置，确定鸡心高度以及鸡心底宽度（图3-33、图3-34）。

 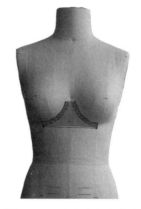

图 3-33 确定鸡心高度　　　　图 3-34 确定鸡心底宽度

最为正确的方式就是人体模拟法。但由于条件限制，无法做到实际人体模拟，为了实际操作简单，我们在纸样制图中，通常综合钢圈底点法和侧位垂直法做纸样，做出纸样后再根据试身效果做出相应的调整。

2. 钢圈的摆位

钢圈的摆位见图 3-35。

二、顺捆款文胸的基本结构制图

顺捆和反捆的称呼源于一线车缝工人的习惯称谓。当做工序"双针捆碗"时，顺时针旋转的款式称为顺捆。逆时针旋转的款式称为"反捆"。从外观结构上看，顺捆款式的鸡心、侧比在罩杯的上面，反捆款式相反，罩杯在鸡心、侧比的上面。

1. 模拟捆碗接缝线（图 3-36）

顺捆，一般是以钢圈套的内缘线为基准，沿钢圈内缘平行 2mm 模拟捆碗接缝线。注意两端预留加固绲缝（打枣）位以及钢圈虚位。鸡心一侧预留 0.5cm 打枣位和钢圈活动量。侧比一侧预留 1cm 打枣位和钢圈虚位。

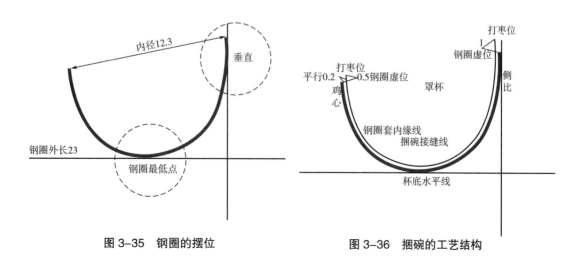

图 3-35 钢圈的摆位　　　　图 3-36 捆碗的工艺结构

2. 鸡心、侧比、后比纸样制图

按照 75B 钢圈和围度基本尺寸，做出鸡心、侧比、后比的纸样（图 3-37）。

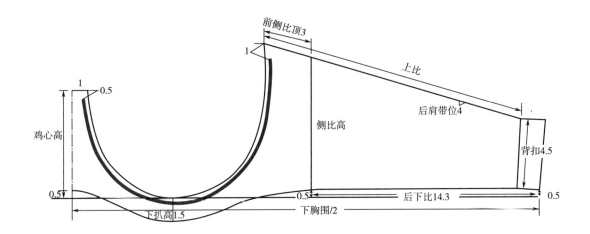

图 3-37　顺捆的鸡心、侧比、后比纸样

（1）下脚长：参照 75B 基本尺寸，按照 60cm 制图，后背扣 4.5cm。75B 基础钢圈，钢圈外长为 23cm，钢圈内径为 12.3cm（高鸡心钢圈）。

（2）鸡心顶 /2：为 1cm。鸡心高尺寸参照杯底水平线处理，根据外观设计需要来确定鸡心底位置。鸡心的车缝会直接影响成品的外观。

（3）下扒高：按照钢圈套和下脚丈巾的宽度之和减 0.6cm。

（4）侧比高：参照杯底水平线处理，根据外观设计需要来确定侧比底部位置。通常侧比分割线垂直杯底水平线。

（5）背扣位：参照杯底水平线，顺延后比的设计。

（6）后肩带位：距背扣 4cm 处。

（7）前侧比顶：按照捆条宽度的 2 倍加 0.5~1cm。前侧比顶预设为 3cm。

3. 成品规格（表 3-2）

表 3-2　75B 文胸成品规格（图 3-37 顺捆款）　　　　　单位：cm

部位	尺寸	部位	尺寸
下脚长（含第一扣）	60	下扒高	1.5
鸡心高	4.5	背扣	4.5
鸡心顶	2	后肩带距离	4
侧比高	8.5	捆碗长	23.3
上比长	17.5	钢圈长	23
鸡心捆长	10	侧比捆长	13.3

4. 鸡心、侧比的纸样修正（图3-38）

（1）下围（下扒）：按照10：2的比例收省，并确保完成后下扒缝位置拼接圆顺。其目的：一是下胸围与腰围的差值；二是增加下围受力，固定罩杯位置。

（2）前侧比顶：根据人体转折所形成的立体平面差，综合面料特性，做0.5cm的劈势。此处的处理，在行业内部通常称为钢圈开口处理，不同的纸样师傅，根据自己的经验，有各自的理解。

图3-39是下围合并后，钢圈开口的对比展示。

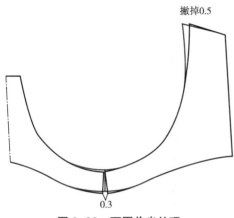

图3-38　下围收省处理

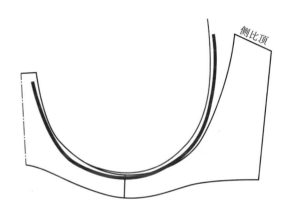

图3-39　下围合并后的侧比顶变化

5. 鸡心、侧比的面布、里布纸样修正

鸡心、侧比在文胸成品中，起到固定的作用。由于面、里布的不同特性以及车缝特点，需要对鸡心、侧比的纸样进行针对性的处理（图3-40）。

（1）里布：采用无弹定型纱，基础纸样上纵横增大2%～3%，作为车缝的弧度以及纱料的回缩补偿。

（2）面布：根据面布弹力，纵横减小3%~7%，以保证车缝的顺畅性以及外观的平服性。如果面料过于松弛，可以缩小10%以上。另外要根据面布纵向与横向的弹力不同，设计不同的回缩率。

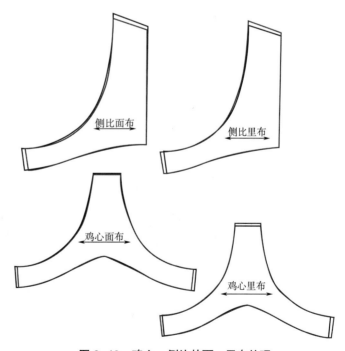

图3-40　鸡心、侧比的面、里布处理

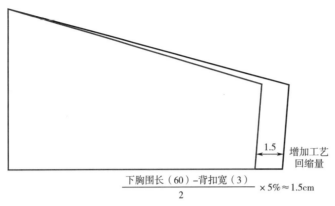

$$\frac{下胸围长（60）-背扣宽（3）}{2} \times 5\% \approx 1.5cm$$

图 3-41　后比的纸样处理

6. 后比的纸样修正

根据外观需求以及车缝丈巾的特点，需要在基础纸样上增加车缝回缩量和外观皱褶量，通常增加 5%。如图 3-41 所示，下脚长增加 1.5cm，上比尺寸则实际增加 1cm。

7. 工业纸样

基本纸样在根据物料特性以及外观特性处理完后，需要根据不同的车缝方式，在净纸样的基础上，增加车缝缝份（也称为车缝止口、缝头）（图 3-42）。

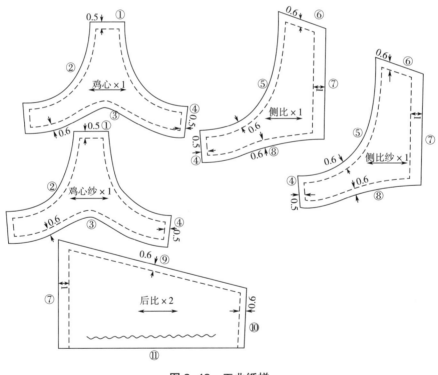

图 3-42　工业纸样

（1）鸡心顶多用平车缉缝，缝份为 0.5cm。

（2）捆碗通常用双针车缉缝，根据双针的宽度，通常缝份为 0.6cm。

（3）鸡心底、下扒、上比、后下比通常为人字车缉丈巾，缝份为 0.6cm。

（4）侧比双针车缉缝胶骨套，按照车法，通常为双针宽度或者胶骨套宽度，此处胶骨套的宽度为 1cm。

（5）背扣通常为人字车加密锁边的车法，缝份为 0.6~0.8cm。

三、反捆款文胸的基本结构制图

1. 模拟捆碗接缝线（图 3-43）

反捆是以钢圈套的外缘线为基准的，沿钢圈外缘平行 2mm 模拟捆碗接缝线。注意两端预留打枣位以及钢圈虚位。鸡心侧预留 0.5cm 打枣位置和钢圈活动量。侧比一侧预留 1cm 打枣位和钢圈虚位。

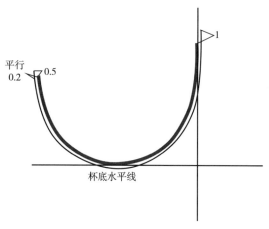

图 3-43　钢圈的摆位

2. 鸡心、侧比、后比纸样制图

按照 75B 钢圈和围度基本尺寸，做出鸡心、侧比、后比的纸样（图 3-44）。

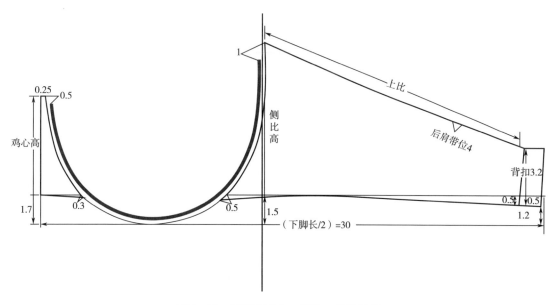

图 3-44　反捆的鸡心、侧比、后比纸样

（1）下脚长：参照 75B 基本尺寸，按照 60cm 制图，后背扣 3.2cm，75B 基础钢圈，钢圈外长为 23cm，钢圈内径为 12.4cm（高鸡心钢圈）。

（2）鸡心顶 /2：为 0.25cm。鸡心高尺寸参照杯底水平线处理，根据外观设计需要确定鸡心底位置。

（3）侧比高：参照杯底水平线处理，根据外观设计需要确定侧比底部位置。通常侧比分割线垂直杯底水平线。

（4）背扣位：需要留意，捆碗分段尺寸的差值和鸡心底的车缝误差，将直接影响成品的外观。

（5）后肩带位：距背扣 4cm 处。

（6）前侧比顶：按照捆条宽度的2倍加0.5~1cm。前侧比顶预设3cm。

3. **成品规格**（表3-3）

表3-3　75B文胸成品规格（图3-44反捆款）　　　　　　　　单位：cm

部位	尺寸	部位	尺寸
下脚长（含第一扣）	60	侧比高	8.5
鸡心高	5.7	上比	16.5
鸡心顶	0.5	下比	17.8
鸡心底	5.3	背扣	3.2
碗底空位	9	后带距	4
侧比捆	10	鸡心捆	6.5
捆碗长	25		

4. **后比的纸样修正**

（1）侧比捆：根据人体转折所形成的立体平面差，综合面料特性，做0.3cm的劈势，并根据穿着效果以及面料弹力特性，侧比捆减短0.5cm。

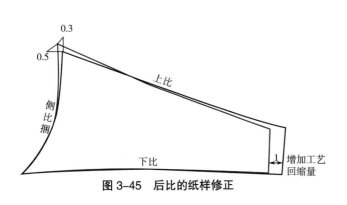

图3-45　后比的纸样修正

（2）根据外观需求以及上、下比需车缝丈巾的特点，需要在基础纸样上增加车缝回缩量和外观皱褶量，通常增加5%。如图3-45所示，下脚长增加1cm，上比尺寸则实际增加0.7cm。

5. **鸡心的面布、里布纸样修正**

鸡心在整件成品中，起到固定的作用。由于面、里布的不同特性以及缉缝特点，需要对鸡心的纸样进行针对性处理。

（1）里布：通常采用无弹定型纱，需在基础纸样上纵横增大3%，作为车缝的弧度以及纱料的回缩补偿。

（2）面布：根据面布弹力，减小3%，以保证车缝的顺畅性以及外观平服性。如果面布过于松弛，可以缩小5%以上。另外要根据面布纵向与横向的弹力不同，设计不同的缩率（图3-46）。

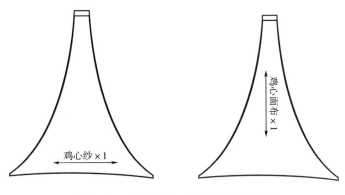

图 3-46　鸡心面布、里布的纸样修正

6. 工业纸样

基本纸样在根据里布、面布特性以及外观特性处理完后，需要根据不同的车缝方式，在净纸样的基础上，增加车缝缝份（图 3-47）。

①、④鸡心顶、鸡心底多用平车缉缝，缝份为 0.5cm。

②、⑥捆碗通常用双针车缉缝，根据双针的宽度，通常缝份为 0.6cm。

⑦、⑧上比、下比通常为人字车缉丈巾，缝份为 0.6cm。

⑨背扣通常为人字（车加密）锁边的车法，缝份为 0.6～0.8cm。

③、⑤为了车缝方便以及省料的需求，鸡心底和下比捆碗处的锐角需要做相应的处理，增加缝份通常为 0.8cm。

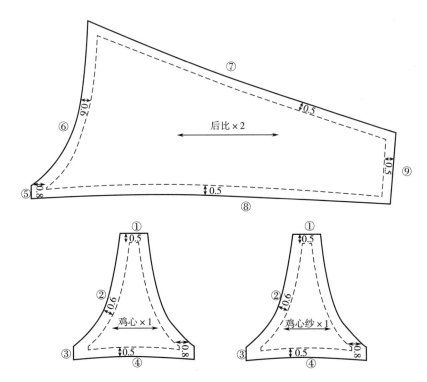

图 3-47　工业纸样

第四节　文胸基本纸样——罩杯纸样设计

一、拼杯纸样的基本制图方法

拼杯，也称夹杯，是在海绵的两面贴上布，然后按纸样裁剪再拼缝成杯的一种罩杯加工方式。

拼杯的基本结构主要有单褶杯、上下杯、"T"字杯和左右杯。无论是哪种基本结构，基本尺寸是不变的。杯宽为19.5cm，下杯高为8.5cm，捆碗长为23.3cm。

（一）单褶杯纸样结构制图

1. 单褶杯纸样制图步骤

单褶杯纸样是以顺捆为例的，因此在做纸样时应注意杯尺寸，不计钢圈套。

（1）首先下杯高的尺寸为8.5cm。下杯高属于固定尺寸，不可任意加减。

（2）通常杯省的角度大于60°，一般设计为65°~75°。此杯省设计为下杯高加1cm。

（3）做杯省位的弧线，从胸高点下来1.8~2.2cm，然后向左右两边进0.5~0.6cm，画出弧线（图3-48）。

（4）杯宽的尺寸为19.5cm，前杯宽通常为杯宽尺寸的45%，后杯宽通常为杯宽尺寸的55%，此分割可以根据具体着身的效果做相应的调整。杯宽尺寸属于固定尺寸，不可任意加减。

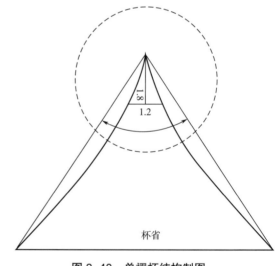

图3-48　单褶杯结构制图一

（5）前后杯捆的尺寸是根据捆碗长和钢圈摆位确定的（图3-49）。

（6）上杯高的尺寸属于可设计尺寸，可以根据具体的款式来确定，通常为4.5cm。

（7）杯边的尺寸属于可设计尺寸，通常根据上杯高和前肩带距决定的。

（8）夹弯的尺寸属于可设计尺寸，通常由前肩带距与肩带高决定的（图3-50）。

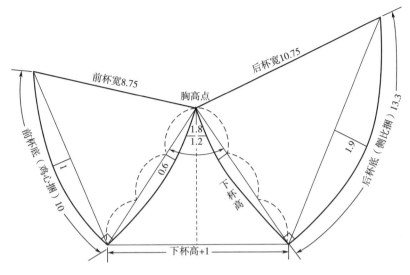

图 3-49 单褶杯结构制图二

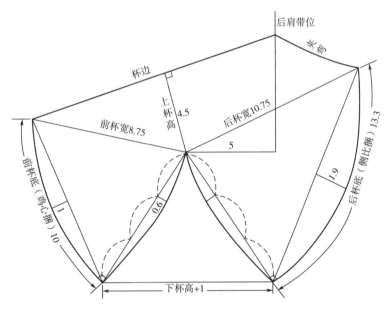

图 3-50 单褶杯结构制图三

2. 单褶杯纸样检查

主要是拼接圆顺检查和内部尺寸的设定。

拼接圆顺检查：纸样基本图完成后，需要复查各个拼接部分的圆顺程度。对于单褶杯来说，主要是针对杯省位的拼合检查（图 3-51）。

（二）上下杯纸样结构制图

1. 上下杯纸样结构制图步骤

上下杯的纸样制作是在单褶杯的基础上进行的。

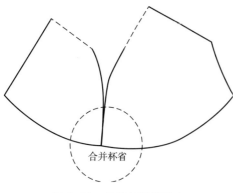

图 3-51　单褶杯纸样检查

（1）如图 3-52 所示，通过胸高点将单褶杯分为上下两部分，分割线为杯横线（［粤］杯横骨）。

（2）将开杯省后的下杯，两部分合并，杯横线打开（图 3-53）。

（3）分别把上下杯的杯横线画圆顺，注意上下杯杯横线的尺寸要调整到相同，弧线要修顺。按照拱度（杯横线的弧度）前大后小的原则调整（图 3-54）。

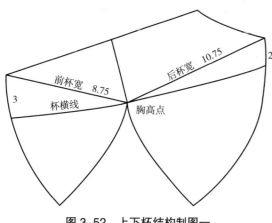

图 3-52　上下杯结构制图一

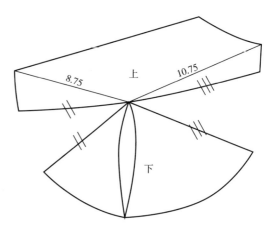

图 3-53　上下杯结构制图二

2. 上下杯纸样检查

主要是拼接圆顺检查和内部尺寸的设定。

拼接圆顺检查：纸样基本图完成后，需要复查各个拼接部分的圆顺程度。对于上下杯来说，主要是针对上下杯接合位置的拼合检查（图 3-55）。

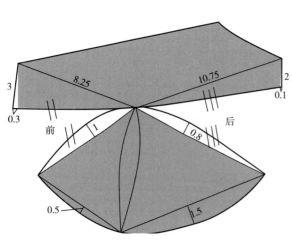

图 3-54　上下杯结构制图三

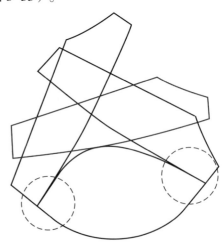

图 3-55　上下杯纸样检查

（三）"T"字杯纸样结构制图

1."T"字杯纸样结构制图步骤

"T"字杯的纸样制作也是在单褶杯的基础上进行的。

（1）如图3–56所示，将单褶杯在胸高点分为上下两部分（图3–56）。

（2）将下杯部分合并，注意留出下杯省量部分。一般为2~2.5cm。前杯底、侧杯底和夹弯处的省量的尺寸比例大致为2：2：1，具体也可以根据着身效果进行调整（图3–57）。

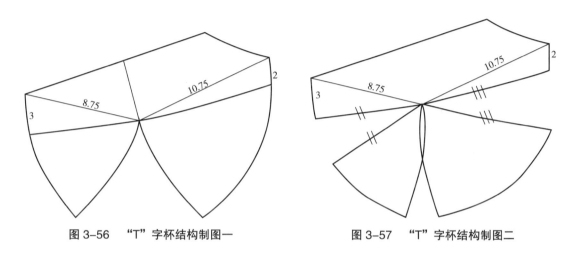

图3–56 "T"字杯结构制图一　　　　　　图3–57 "T"字杯结构制图二

（3）杯省、杯开口处的弧度修顺。按照拱度前大后小的原则调整，注意上下杯杯横线的尺寸要调整到相同。调整下杯省的弧线（图3–58）。

2."T"字杯纸样检查

主要是拼接圆顺检查和内部尺寸的设定。

拼接圆顺检查：需要复查各个拼接部分的圆顺程度。对于"T"字杯来说，主要是针对所有接合位置的拼合检查（图3–59）。

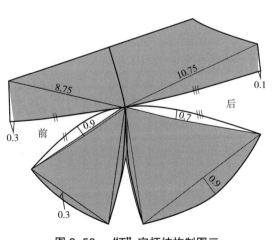

图3–58 "T"字杯结构制图三

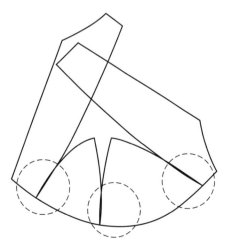

图3–59 "T"字杯纸样检查

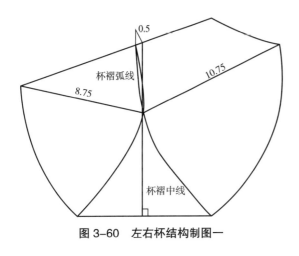

图 3-60　左右杯结构制图一

（四）左右杯

1. 左右杯纸样结构制图步骤

左右杯的纸样制作也是在单褶杯的基础上进行的。

（1）按照杯褶中线，向鸡心偏移 0.5cm。破开单褶杯，并修顺杯褶弧线（图 3-60）。

（2）按照杯褶弧线，分开左右杯，并做拼接修顺处理（图 3-61）。

2. 左右杯纸样检查

主要是拼接圆顺检查和内部尺寸的设定。

拼接圆顺检查：需要复查各个拼接部分的圆顺程度。对于左右杯来说，主要是对左右杯接合位置的拼合检查（图 3-62）。

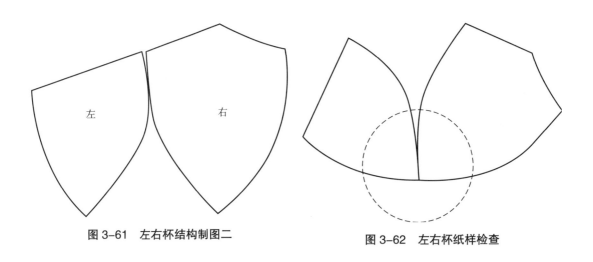

图 3-61　左右杯结构制图二

图 3-62　左右杯纸样检查

二、模杯纸样的制图方法

模杯，是非拼合结构，一体成型的罩杯加工方式（图 3-63），是由一块海绵经高温的模具定型而成的杯（即压杯）。分为厚模杯、中模杯和薄模杯。

在做模杯的纸样时，要先测量出一些模杯的尺寸来辅助纸样的制作，如图 3-64 是在模杯上做出的一些需要测量的辅助线。

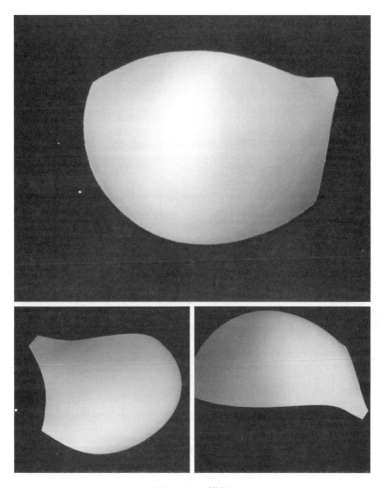

图 3-63　模杯

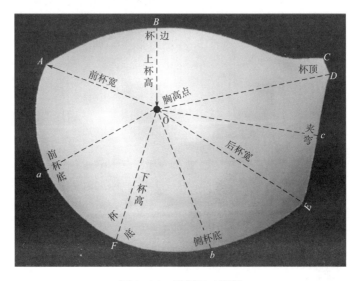

图 3-64　模杯尺寸测量

成品规格见表 3-4。

表 3-4　测量尺寸　　　　　　　　　　　　单位：cm

字母	部位	尺寸	字母	部位	尺寸
OA	前杯宽	10.3	*DE*	夹弯长	9
OB	上杯高	5.5	*EF*	侧杯底	12.5
CD	杯顶（耳仔）	1.1	*AF*	前杯底	11.5

在做模杯的纸样时，除了要测量出杯边（*ABC*三点弧线）、杯顶（耳仔）、夹弯和杯底（*AFE*三点弧线）等弧长外，还需测量一些杯上的尺寸，首先要找出模杯的最高点即为胸高点，然后以胸高点为基准通过测量得出上、下杯高的弧长，前、后杯宽的弧长以及前、侧杯底的弧长等，知道以上尺寸并不能完整地把纸样做出来，因为模杯是有弧度的，因此还需要一些其他辅助的尺寸：

OD 为从胸高点到耳仔的弧长。

Oc 为从胸高点到夹弯 1/2 处的弧长，此尺寸可以辅助完成夹弯的弧线。

Oa 为从胸高点到前杯底 1/2 处的弧长，此尺寸可以辅助完成前杯底的弧线。

Ob 为从胸高点到侧杯底 1/2 处的弧长，此尺寸可以辅助完成侧杯底的弧线。

另外为了准确，杯边也可以多量出几条辅助线的尺寸。

前面已经介绍杯的结构分为单褶杯、上下杯和"T"字杯，下面模杯纸样的制作会通过对单褶杯和上下杯的结构来讲解。

（一）模杯纸样制图——单褶杯结构

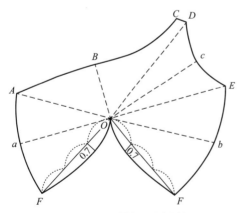

图 3-65　单褶杯模杯纸样结构制图

1. 单褶杯模杯纸样（图 3-65）

如图 3-65 是根据测量出的模杯尺寸完成的单褶杯纸样。注意模杯纸样在制图时同拼合纸样不同，不需要先做出杯省，而是自 *A* 点开始，顺时针绘图。

根据测量的模杯尺寸完成平面制图后，自然会做出杯省，最后用与之前同样的方法做出杯省弧线。

由于手工测量尺寸总会有些偏差，因此在完成后要把模杯和纸样的几个角拼起来看是否一致，若是有出入，需要调整纸样做到同模杯的角度一样。

注意杯边纸样的弧度要同模杯杯边的弧度相同。

2. 单褶杯模杯纸样检查

主要是拼接圆顺检查。对于模杯款，纸样基本图完成后，我们也需要复查各个拼接部分的圆顺程度。对于单褶杯来说，主要是针对杯省位的拼合检查（图 3-66）。

（二）模杯纸样制图——上下杯结构

1. 上下杯模杯纸样（图 3-67）

模杯款上下杯的纸样制作也是在单褶杯的基础上进行的。

在单褶杯的基础上，根据款式要求将省合起来，在前杯底和夹弯处适当的位置断开。

分别把上下杯的杯横线画出来，注意上下杯杯横线的尺寸要调整到相同，弧线要修顺。

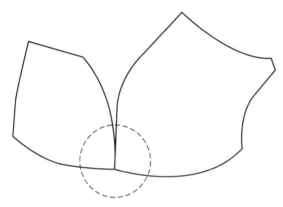

图 3-66　单褶杯模杯纸样检查

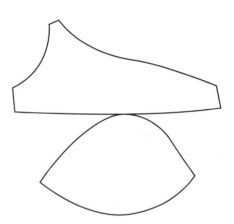

图 3-67　上下杯模杯纸样结构制图

2. 上下杯模杯纸样检查（图 3-68）

主要是拼接圆顺检查。对于模杯款，纸样基本图完成后，我们也需要复查各个拼接部分的圆顺程度。对于上下杯来说，主要是针对上下杯接合位置的拼合检查。

三、子弹模杯制作

1. 子弹模杯简介

子弹模杯，通常用于超薄文胸。整个罩杯一体成型，不需要车缝拼合，是基于化纤面料热定型的原理，利用合适形状的铝模，

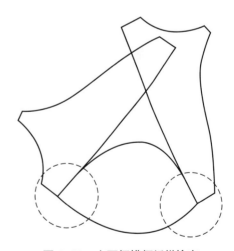

图 3-68　上下杯模杯纸样检查

经过一定的时间、温度、压力固定成型。定型的难点在于对每一品类的物料定型的时间、压力、温度三者的掌控。另外，定型后的回缩量的掌控也是难点所在（图 3-69、图 3-70）。

图 3-69　定型模具

图 3-70　定型模具（细节图）

　　子弹模杯的定型模具可以按照顶点位置和弧度形状分为中心型、偏心型、常规弧度型、自然弧度型（图 3-71~ 图 3-74）。

图 3-71　中心型

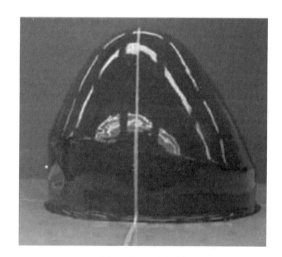

图 3-72　偏心型

图 3-73　常规弧度型

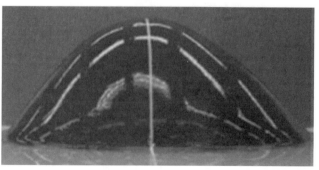

图 3-74　自然弧度型

2.子弹模杯的纸样结构制图

（1）按照所需形状选择合适的模具，并制作定型后的胶壳。75B的模具直径为 10cm，深度为 4.5cm（图 3-75）。

图 3-75　子弹模杯的纸样制图一

（2）按照杯宽 19.5cm、下杯高 8.5cm、杯底（捆碗）20cm 的尺寸，设计下杯结构（图 3-76、图 3-77）。

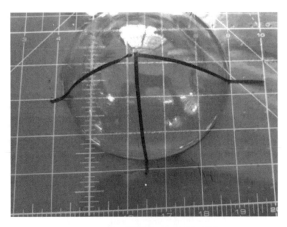

图 3-76　子弹模杯的纸样制图二

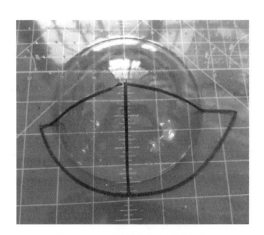

图 3-77　子弹模杯的纸样制图三

（3）按照所需款式结构，设计上杯高和肩带位置（图 3-78~ 图 3-80）。

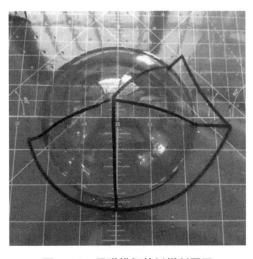

图 3-78　子弹模杯的纸样制图四

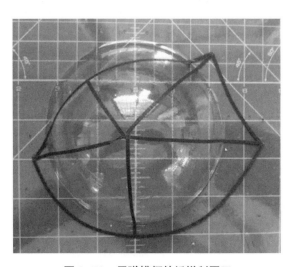

图 3-79　子弹模杯的纸样制图五

（4）增加缝份，完成子弹模杯的修剪纸样。

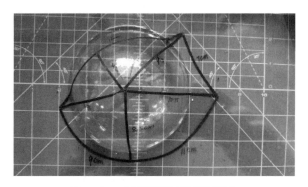

图 3-80　子弹模杯的纸样制图六

（5）根据修剪纸样，综合子弹模杯定型最小夹板量来制作裁剪纸样。

3.子弹模杯的面布制作方法

（1）按照所需形状选择合适的模具，并制作定型后的胶壳。定出的形状，需要尽量盖住模杯，避免因面料的拉伸而形成色差（图3-81）。

（2）面布的顶点尽量对准模杯的顶点，偏心模要设计好前后杯宽的对应位置（图3-82、图3-83）。

（3）将面布放平于模杯上，在边缘做标记。边缘需要稍有拉伸并固定，以方便缉缝制作，拉伸率通常在5%左右（图3-84、图3-85）。

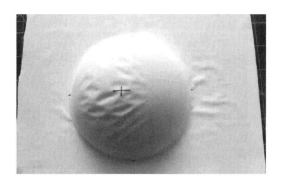

图 3-81　子弹模杯面布制作一

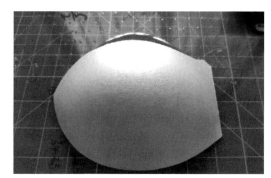

图 3-82　子弹模杯面布制作二

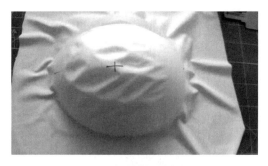

图 3-83　子弹模杯面布制作三

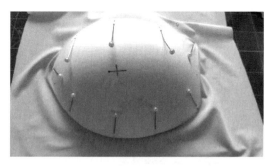

图 3-84　子弹模杯面布制作四

（4）将做好标记的面布放于胶壳上，并拓印标记，完成净样制图。根据需要增加缝份，完成子弹模杯的修剪纸样（图3-86、图3-87）。

（5）根据修剪纸样，综合子弹模定型最小夹板量制作裁剪纸样。夹板是指定型机固定料的板子。夹住布料部分，一般不小于2cm。

图 3-85 子弹模杯面布制作五

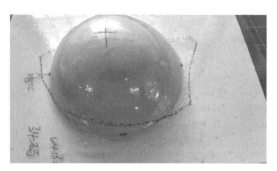

图 3-86 子弹模杯面布制作六

图 3-87 子弹模杯面布制作七

第五节 花边纸样的变形处理

由于花边是直的，比较特殊，当文胸的一些部位需要用花边并且需要保留花波时，就要对此部位的纸样做相应的符合花边的变形处理。下面分别讲鸡心、侧比、下围（下扒）以及罩杯纸样用花边时的变形处理方法。

一、花边鸡心的纸样变形处理

1. 鸡心中间不破开

灰色线为正常的鸡心纸样，按照鸡心形状，保持鸡心底中点水平做成直线以适应花边的形状。具体的处理方法如图 3-88（a）所示，先做一条过鸡心底的水平直线，然后根据下围高做出平行线，在此平行线上重新做出前杯底（鸡心捆）的弧线，保持杯底（捆碗）线尺寸不变，增加鸡心底边的尺寸，车缝时通过丈巾回缩达到正确尺寸。

2. 鸡心中间破开

灰色为正常的鸡心纸样，按照鸡心形状，连接鸡心底中点和下围底点，做成直线以适应花边的形状。具体的处理方法如图 3-88（b）所示，先做一条过鸡心底的水平直线，然后根据下围宽做出平行线，在此平行线上重新做出前杯底（鸡心捆）的弧线，保持杯底（捆碗）线尺寸不变，鸡心底的尺寸变化不影响整体外观。

此两种方法为大部分鸡心花边处理的方法。当然根据外观需要，也可以在这两种方法之间做相应的调整。

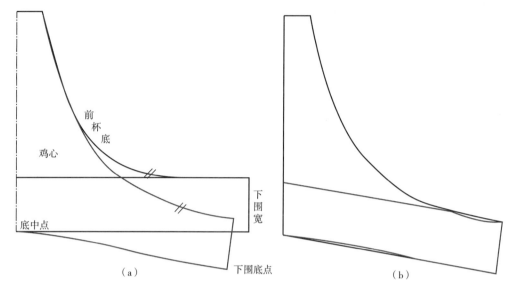

图 3-88　花边鸡心的纸样变形处理

二、花边侧比的纸样变形处理

灰色为正常的侧比纸样，侧比底边是弧形的。现在侧比改为用花边，且侧比底取花波，因此要将侧比底做成直线以适应花边的形状。具体的处理方法同鸡心的做法相同，连接下围底点与侧比底点作直线。然后根据下围宽做出平行线，在此平行线上重新做出侧杯底（侧比捆）的弧线，使之与之前的长度相等。侧比底的尺寸变化不影响整体外观（图 3-89）。

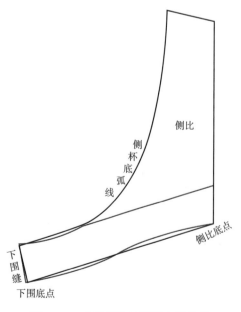

图 3-89　花边侧比的纸样变形处理

三、花边下围的纸样变形处理

当下围缝（下扒骨）不破，鸡心同侧比连为一片时，若下围用花边，且下围底取花波，就要把纸样做相应的变形处理。

在做花边下围纸样的变形处理时，为了方便通常会先把下围缝（下扒骨）断开分为鸡心和侧比两片纸样，然后根据之前讲的方法分别变形鸡心和侧比，最后把两片纸样拼接起来。图 3-90 为鸡心中线破开版纸样。

四、花边罩杯的纸样变形处理

以单褶杯为例，当杯面布用花边且杯边取花波时，纸样就要做相应的变形处理。

（1）把罩杯纸样沿杯褶弧线断开上杯高线（过胸高点），然后把杯褶打开使杯边在前中点和中间点与杯顶（耳仔）位三点在一条直线上，杯边直接做成直线（图 3-91）。

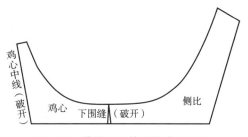

图 3-90　花边下围的纸样变形处理

（2）将之前的杯褶弧线延长，重新做出杯褶弧线，注意确保两条线长度一样。调整后根据面料弹力以及车缝效果，再次调整杯边、杯宽拉伸率（图 3-92）。

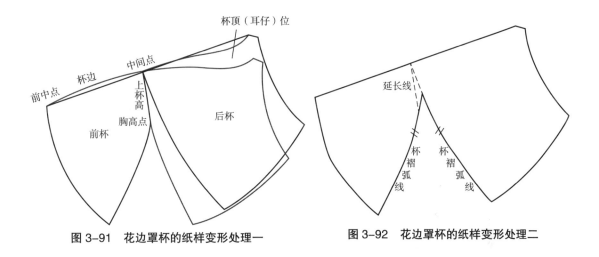

图 3-91　花边罩杯的纸样变形处理一　　　　图 3-92　花边罩杯的纸样变形处理二

第六节　经典文胸纸样实例

一、拼棉文胸

1. 款式图（图 3-93）

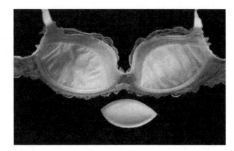

图 3-93　拼棉文胸款式图

2.款式结构分析

（1）结构特点：本款为顺捆拼棉款，拼棉结构是"T"字杯，花边在鸡心中线破缝，鸡心、侧比、后比的花边为一片结构，缉杯底（捆碗）是一条过。

（2）面、辅料特点：面布为花边，罩杯为海绵拼棉，侧比里布和后比里布为弹力网布，鸡心里布为定型纱。上比为9mm丈巾，下脚为11mm带花边条丈巾，1.2cm提花肩带，3.2cm背扣。

（3）基本工艺：用𠱏车绷缝拼棉罩杯，面布花边沿杯横线与棉车在一起，上比连夹弯用人字车缉丈巾锁边（落襟），下脚用人字车缉上丈巾，双针车缉杯底（捆碗）。

3.成品规格（表3-5）

表3-5　拼棉文胸成品规格　　　　　　　　　　　　单位：cm

部位	尺寸	部位	尺寸
下脚长（含第一扣）	60	杯底（捆碗）长	22.6
杯边	16.7	钢圈长	22.2
杯宽（前＋后）	19.6	鸡心高	4.5
杯横线（杯骨）长	18.4	鸡心顶	1.8
上杯高	3.2	上比长	17.5
下杯高	8.8	背扣高	3.2
夹弯长	3.9	肩带长	44

4.纸样结构制图

（1）鸡心和比的基础纸样见图3-94。

（2）鸡心、比的花边变形处理：增加工艺回缩量1.5cm，在鸡心面布的基础上横向加大1.05倍（图3-95）。

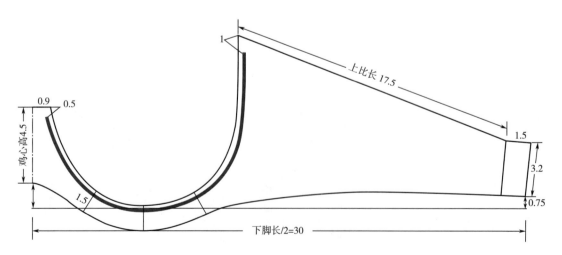

图3-94　拼棉文胸的鸡心和比的基础纸样

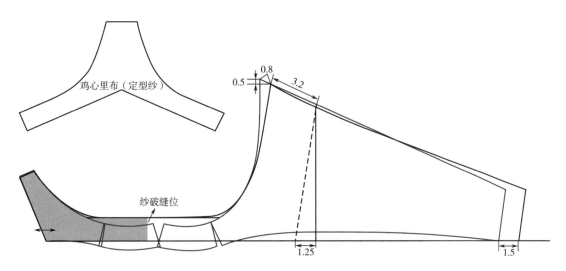

图 3-95　拼棉文胸的鸡心、比的花边变形处理

（3）罩杯纸样见图 3-96。

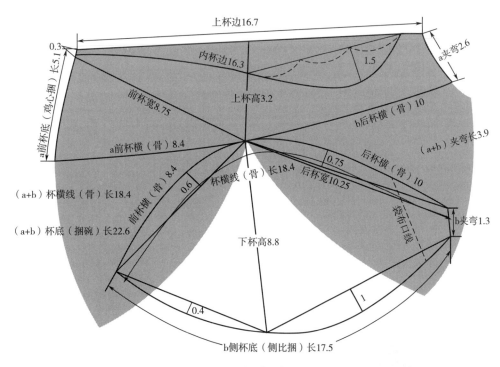

图 3-96　拼棉罩杯纸样

5. 工业纸样

根据缉缝工艺增加缝份，完成裁剪纸样，注意袋口止口的切角处理。后比里网布可以同面布花边大小相同（图 3-97）。

捆碗位缝份为 0.6cm，上杯骨没有缝份，下杯骨：面布花边缝份为 0.6cm、里棉没有缝份，上比缝份为 0.6cm，背扣缝份为 0.6cm。

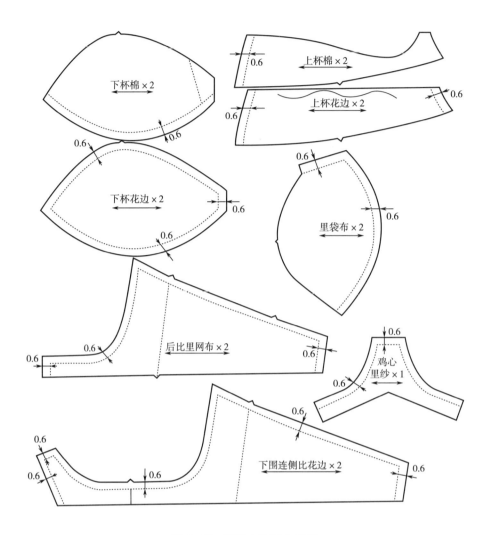

图 3-97　拼棉文胸工业纸样

二、花边模杯文胸

1. 款式图（图3-98）

图 3-98　花边模杯文胸款式图

2.款式结构分析

（1）结构特点：本款为顺捆模杯文胸，鸡心下围花边连后比为一体，杯面上泳布两条，下杯花边在杯底（捆碗）处收碎褶。

（2）面、辅料特点：杯面为花边条、泳布、花边，鸡心下围与后比为花边，鸡心里布、侧比里布为定型纱。上比车11mm丈巾，下脚车11mm带花边条丈巾。背扣5.7cm。

（3）基本工艺：上杯面泳布单针机缉缩褶，上比连夹弯用人字机锁边（落襟），下脚用人字机缉丈巾，双针机缉杯底（捆碗）。

3.成品规格（表3-6）

表3-6　花边模杯文胸（85C）成品规格　　　　　　单位：cm

部位	尺寸	部位	尺寸
下脚长（含第一扣）	68	上比长	19.3
杯边	22.2	侧比高（侧骨位）	10.5
杯高	16.5	前肩带长	17
杯宽	24	后肩带长（回扣5cm）	20
杯底（捆碗）长	26.2	肩带剪长	24
鸡心高	6.5	背扣高	5.7

4.纸样结构制图

（1）鸡心和比的基础纸样：按照下脚长、钢圈形状完成鸡心设计，根据花边制图原则，将鸡心、侧比、后比变形处理，并增加回缩量。根据花边弹力，此款式回缩量为2cm，即完成的花边部分下脚纸样长为34.5cm（图3-99）。

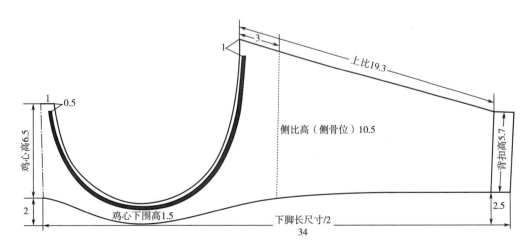

图3-99　花边模杯文胸的鸡心、比基础纸样

　　鸡心里纱与侧比里纱在基础纸样的基础上增加 1.03 倍。花边根据弹力，杯底（捆碗）位按照 26.2 制图（图 3-100）。

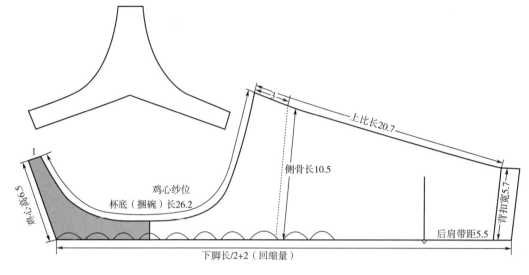

图 3-100　鸡心结构图

（2）模杯的成品规格（表 3-7、图 3-101）

表 3-7　模杯成品规格　　　　　　　　　　　　　　单位：cm

位标	部位	尺寸	位标	部位	尺寸
ob	上杯宽	4.5	abc	杯边	22.3
oe	下杯宽	12	af	前杯底上（鸡心上捆）	4
oa	前杯宽	12.5	fe	前杯底下（鸡心下捆）	10.5
oc	后杯宽	11	cd	侧杯底上（侧比上捆）	4
fod	杯横线（杯横骨）长	23	de	侧杯底下（侧比下捆）	9

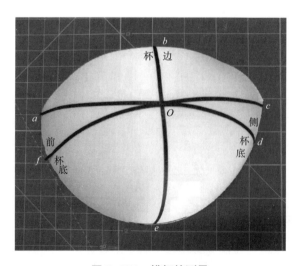

图 3-101　模杯的测量

（3）模杯的纸样结构制图（图3-102）

按照模杯的形状做出杯面的纸样，留意省量的分割。杯底的缩褶，根据设计完成尺寸，按照褶量，每边增加。

5. 工业纸样

根据车缝工艺增加缝份，完成裁剪纸样（图3-103）。由于杯面纸样是按照模杯边缘制作，所以杯面纸样的杯底（捆碗）位不再增加缝份。

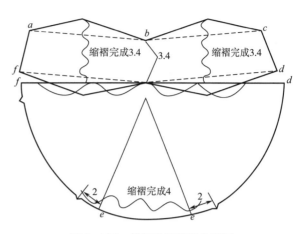

图 3-102　模杯的纸样结构制图

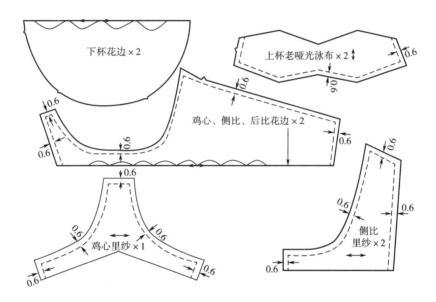

图 3-103　工业纸样

三、光面模杯文胸

1. 款式图（图3-104）

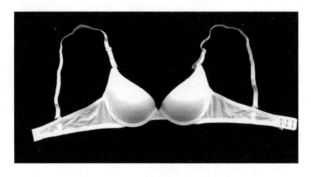

图 3-104　光面模杯文胸款式图

2. 款式结构分析

（1）结构特点：反捆光面小鸡心款式。

（2）面、辅料特点：面布为泳布，鸡心里布为定型纱。上、下比为9mm丈巾。

（3）基本工艺：杯边、夹弯反包边，上、下比用人字车缉缝丈巾，杯底（捆碗）用双针车缉缝。

3. 成品规格（表3-8）

表3-8　光面模杯文胸（75A）成品规格　　　　　　　　　　单位：cm

部位	尺寸	部位	尺寸
下脚长（含第一扣）	56	上比	15.5
杯边	17.5	前杯底（鸡心捆）	2.9
杯高	10.5	侧杯底（侧比捆）	9
杯宽	18	后耳仔肩带	7
夹弯长	7.5	肩带长（回扣5cm）	38
钢圈长	16	肩带剪长	43
杯底（捆碗）长	18	背扣高	3.2
鸡心高	2		

4. 纸样结构制图

留意钢圈开口的处理方式、工艺回缩量的处理，以及侧比弯位的处理。杯面按照子弹模杯做胶壳（图3-105~图3-107）。

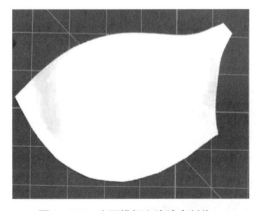

图3-105　光面模杯文胸胶壳制作一

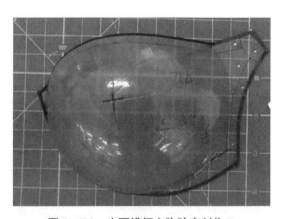

图3-106　光面模杯文胸胶壳制作二

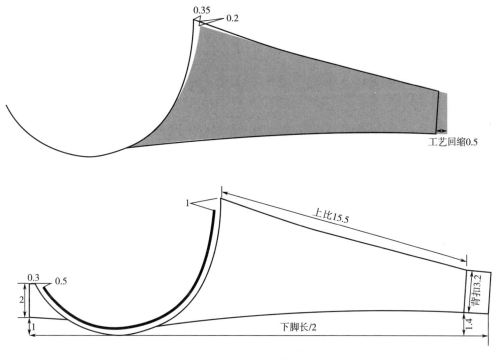

图 3-107　纸样结构制图

5. 工业纸样

根据车缝工艺增加缝份，完成裁剪纸样。根据面料弹力，鸡心面布减小 2%，鸡心里纱增加 3%（图 3-108）。

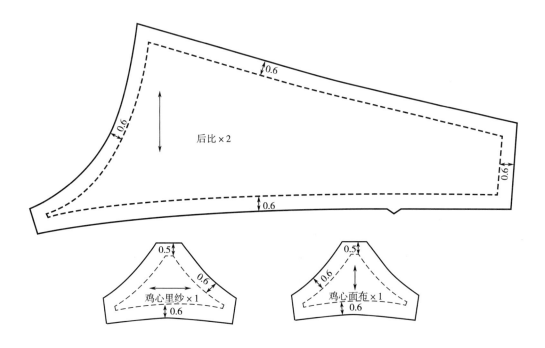

图 3-108　工业纸样

四、隐形模杯文胸

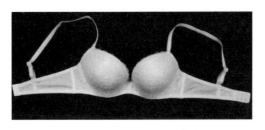

图 3-109　隐形模杯文胸款式图

1. 款式图（图 3-109）

2. 款式结构分析

（1）结构特点：本款为顺捆，杯面连鸡心和侧比，双针车缉杯底（捆碗），面不见线。

（2）面、辅料特点：杯面为全幅蕾丝，杯位为模杯，侧比里布为网布，鸡心、侧比里布为定型纱。上比为 9mm 丈巾，杯边为 15mm 花边条。

（3）基本工艺：杯边用皿车缉缝花边条，上、下比隐形车缝面不见线，双针车缉杯底（捆碗）。

3. 成品规格（表 3-9）

表 3-9　隐形模杯文胸（80C）成品规格　　　　　　　　　单位：cm

部位	尺寸	部位	尺寸
下脚长（含第一扣）	64	鸡心高	3.5
杯边	20.8	上比	18
杯高	15	后耳仔肩带	7
杯宽	25	肩带长（回扣5cm）	38
夹弯长	9.2	肩带剪长	43
钢圈长	18.5	背扣高	3.2
杯底（捆碗）长	19.7		

4. 纸样结构制图（图 3-110、图 3-111）

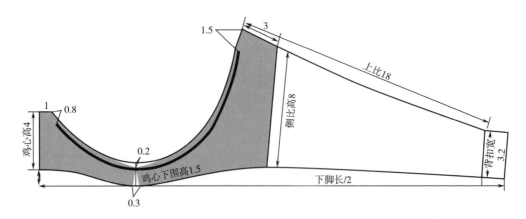

图 3-110　隐形模杯文胸纸样结构制图

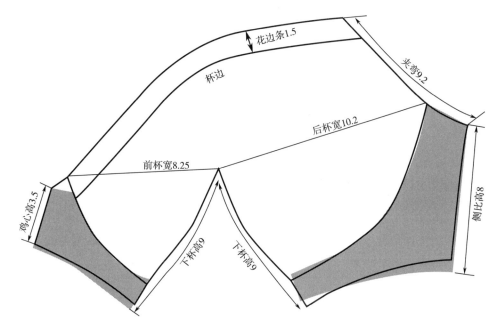

图 3-111 杯纸样处理

5. 工业纸样

根据车缝工艺增加缝份，完成工业纸样（图 3-112）。

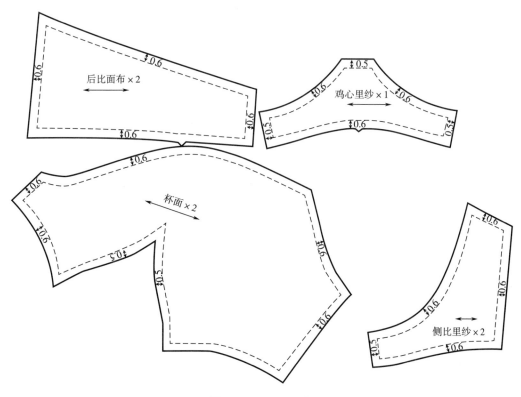

图 3-112 工业纸样

五、无钢圈拼棉文胸

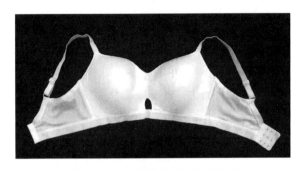

图 3-113　无钢圈拼棉文胸款式图

1. 款式图（图 3-113）

2. 款式结构分析

（1）结构特点：本款为无钢圈拼棉款式，拼棉破的是"T"字骨。

（2）面、辅料特点：以泳布为主，里为 3mm 厚度海绵。上比为 9mm 丈巾，下脚为 2cm 丈巾。背扣为 3.8cm。

（3）基本工艺：冚车拼棉，杯面双针开骨，上比连夹弯人字落襟，下脚冚落丈巾。

3. 成品规格（表 3-10）

表 3-10　无钢圈拼棉文胸（75B）成品规格　　　　　　　　　　单位：cm

部位	尺寸	部位	尺寸
下脚长（含第一扣）	60	上比	11
杯边	14.6	后比U位	7.5
杯高	15.5	肩带长（回扣5cm）	38
杯宽	21	肩带剪长	43
夹弯长	6.5	背扣高	3.8

4. 纸样结构制图（图 3-114、图 3-115）

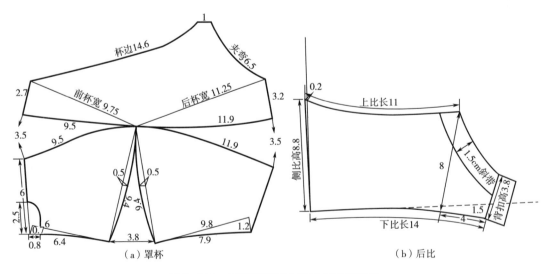

图 3-114　无钢圈拼棉文胸纸样结构制图

5. 工业纸样

根据车缝工艺增加缝份，完成工业纸样（图3-116）。

面布纸样是在海绵的基础上做更改。根据面料弹力，减小面布，纵横减小4%。注意上比缝份处理，面布加大0.2cm，里布减小0.2cm。

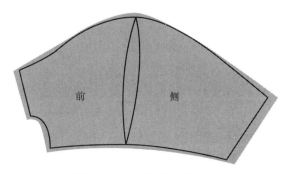

图 3-115 下杯的纸样处理

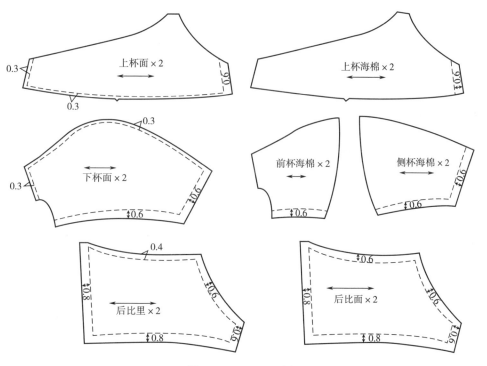

图 3-116 工业纸样

六、三角杯文胸

1. 款式图（图3-117）

2. 款式结构分析

（1）结构特点：三角杯左右结构，无背扣。

（2）面、辅料特点：全花边，杯里为无弹网布。上比为9mm丈巾，下脚为11mm丈巾。

（3）基本工艺：钗骨，夹弯，上比人字车锁边（落襟），面不见线，下脚人字车缉缝丈巾。

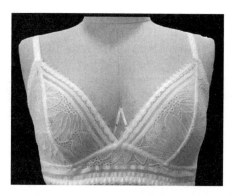

图 3-117 三角杯文胸纸样款式图

3.成品规格（表3-11）

表3-11　三角杯文胸（75B）成品规格　　　　单位：cm

部位	尺寸	部位	尺寸
下脚长（含第一扣）	60	上比	17.5
杯边	15.9	侧比高（侧骨位）	9.5
杯高	18	肩带长（回扣5cm）	38
杯宽	18.4	肩带剪长	43
夹弯长	10.6	背扣高	3.8
鸡心高	4.5		

4.纸样结构制图（图3-118）

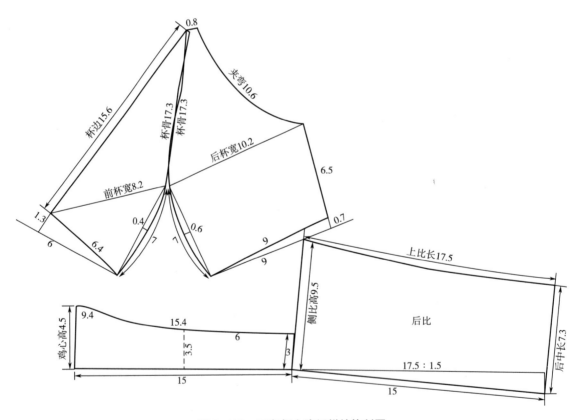

图3-118　三角杯文胸纸样结构制图

5.工业纸样

根据车缝工艺增加缝份，完成工业纸样（图3-119）。

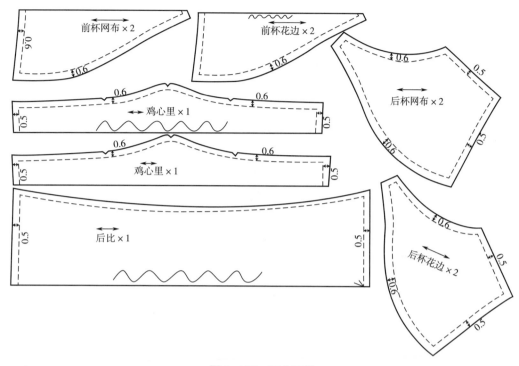

图 3-119　工业纸样

七、高强度运动拳击文胸

1. 款式图（图 3-120）

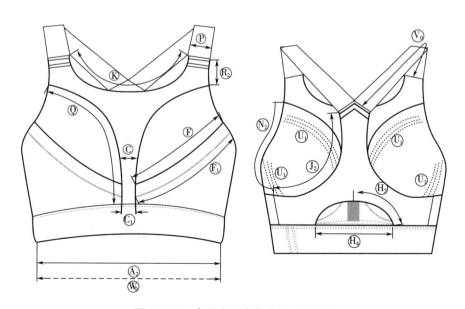

图 3-120　高强度运动拳击文胸款式图

2. 款式结构分析

（1）结构特点：杯面上下互搭拼接，内衬棉杯（图3-120）

（2）面、辅料特点：杯为模杯，杯面为高弹面料。侧比面和后比面为弹力网布，侧比里布为网布。上比为18mm包边丈巾，下脚为20mm丈巾。

（3）基本工艺：用冚车包边／互搭，双针车缉缝杯底（捆碗）。

3. 成品规格（表3-12）

表3-12　高强度运动拳击文胸成品规格　　　　　单位：cm

位标	部位	尺寸	位标	部位	尺寸
A_2	下胸围/2	33.5	J_2	上边连后中长	21.2
C_1	里杯鸡心底	2	Y_1	侧比高	8
C	里杯鸡心顶	2.3	H_4	后背洞宽	9
Q	杯边长	23.5	H_2	后背洞弧长/2	7.9
F	杯横长	18.4	V_0	肩带长	18.7
F_1	里杯横线长	20.5	P	肩带宽	3
R_2	前连肩长	3.2	U_1	模杯孔排数	3 排
N_2	夹弯	13.5	W_0	全腰头拉伸	48
K	前领围	21.4			

4. 纸样结构制图（图3-121~图3-124）

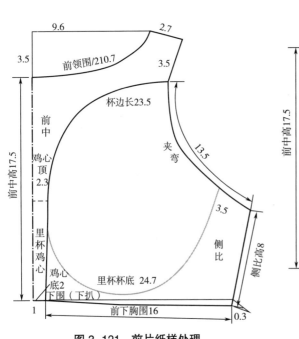

图3-121　前片纸样处理

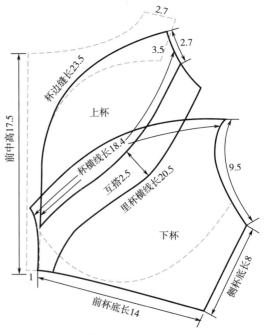

图3-122　前片罩杯纸样处理

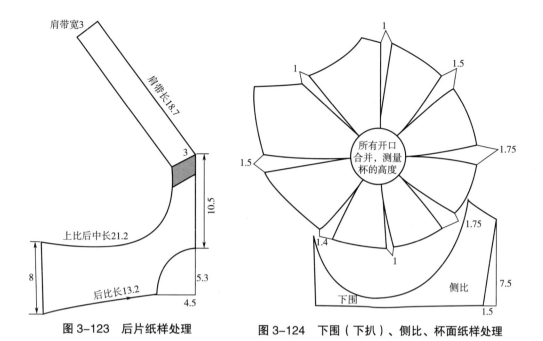

图 3-123 后片纸样处理

图 3-124 下围（下扒）、侧比、杯面纸样处理

5. 工业纸样

根据车缝工艺增加缝份，完成裁剪纸样（图 3-125）。

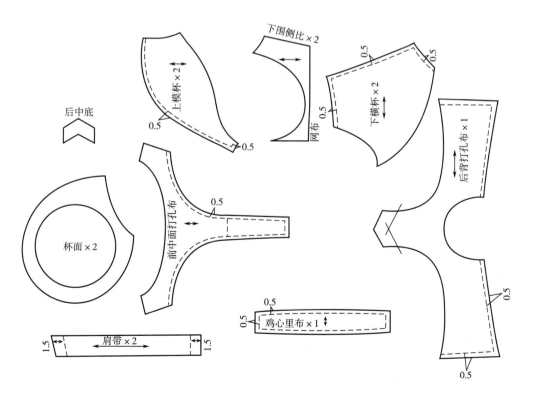

图 3-125 工业纸样

八、大码子弹模杯钢圈文胸

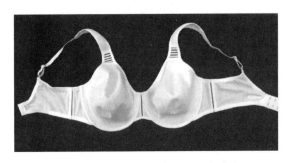

图 3-126 大码子弹模杯钢圈文胸款式图

1. 款式图（图 3-126）

2. 款式结构分析

（1）结构特点：反捆，杯面子弹模杯，肩带加宽。

（2）面、辅料特点：杯面双层面料，侧比和后比面布为弹力泳布。杯边夹弯为 18mm 包边丈巾，上比为 15mm 丈巾，下脚为 20mm 丈巾。

（3）基本工艺：用笡车绷缝包边，人字车缉锁边（落襟），双针车缉杯底（捆碗）。

3. 成品规格（表 3-13）

表 3-13 大码钢圈文胸成品规格 单位：cm

部位	尺寸	部位	尺寸
下脚长（含第一扣）	73	鸡心	2
杯边	13	上比	13.5
杯高	21.8	后比U位	9
杯宽	27.5	肩带长	14.5
夹弯长	12	后肩带长	17
钢圈长	34	肩带剪长	43
杯底（捆碗）长	35	背扣高	3.8

4. 纸样基础图（图 3-127）

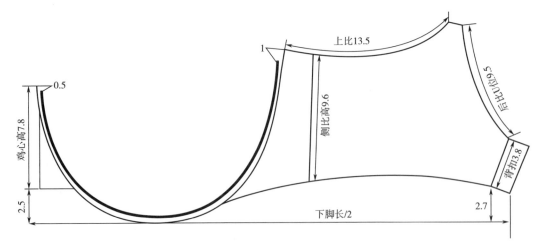

图 3-127 大码钢圈文胸的鸡心、比的纸样结构处理

（1）杯面结构图见图 3-128。

（2）子弹模杯纸样制图见图 3-129~ 图 3-132：

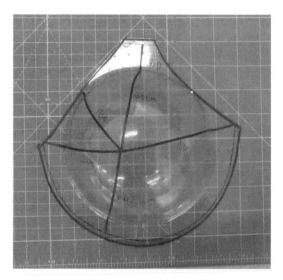

图 3-128　杯面胶壳制作

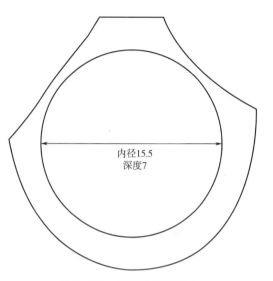

图 3-129　杯面胶壳平面图一

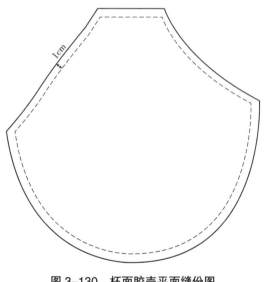

图 3-130　杯面胶壳平面缝份图

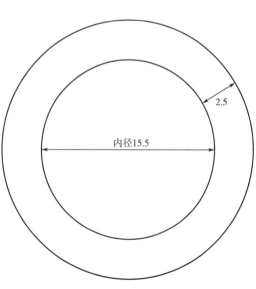

图 3-131　杯面胶壳平面图二

①在子弹模杯内径的基础上，向外增加 2.5cm。这是操作面布定型时必需的压（夹）板量。

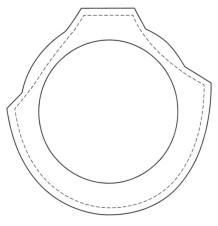

图 3-132　杯面胶壳平面图三

②在修剪胶壳的基础上，向外平行增加1cm，作为修剪操作量。

③将上述两个形状，按照中心点重合，取外线部分，即裁剪用纸样。

5. 工业纸样

根据缉缝工艺增加缝份，完成工业纸样（图3-133）。

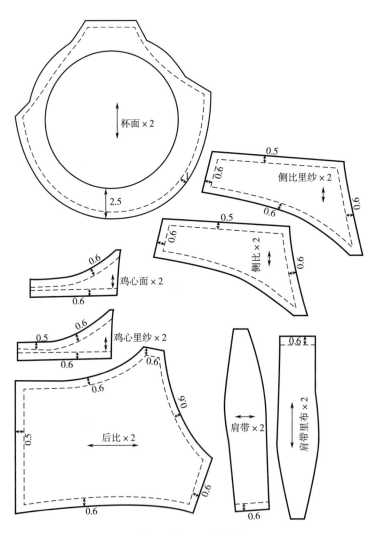

图 3-133　工业纸样

第四章　经典连身衣纸样结构制图

第一节　连身衣的分类结构及功能

连身衣包括束身骨衣、泳衣以及背心、吊带裙等。严格意义上来说，背心、吊带裙、家居服等不属于连身衣，由于在内衣类别中，所占比例较小，所以归类到本章中。连身衣结构，综合了胸部、臀部、躯干、上下肢等人体基础常识，其结构制图难点较多，需要充分掌握人体结构的知识点。

一、骨衣

骨衣，又称为连身文胸或半身文胸，具有很强的塑身功能。它在塑造胸部造型功能的基础上，同时具有收束腰部、腹部，以及调整胸腰曲线的功能。由于骨衣的材料中利用胶骨、鱼鳞骨来达到定型束身的功能，因此被称为骨衣。骨衣的款式根据其结构的不同以及面料的差异而种类繁多。按其整体造型可分为半身骨衣和连身骨衣两大类；半身骨衣按照其腰位的高低又可以划分为短身骨衣、中长骨衣、长身骨衣三大类。

1. 半身骨衣

（1）短身骨衣：其下摆在腰围线以上，用胶骨支撑裁片纵向的破缝（省缝），收紧上腹部，显示平坦流畅的线条（图4-1）。

（2）中长骨衣、长身骨衣：其下摆在腰围线以下，这种骨衣除了作用在胸部以外，还对上腹部突出及腰两侧肌肉松软、有赘肉的体型具有功效（图4-2）。更低腰的长身骨衣，还可以收束腹部赘肉（图4-3）。

2. 连身骨衣

将文胸的束胸、腰封的束腰、束裤的束腹三种基础内衣的功能集合起来，从整体上塑造挺胸、压腹、收腰、提臀，调整胸、腰、腹、臀、胯各部位，避免了局部调整可能带来的赘肉外移。连身骨衣的整体束压，使整个躯干上的肌肉和脂肪都绷紧，因而使身体曲线匀称顺畅，达到造型效果。

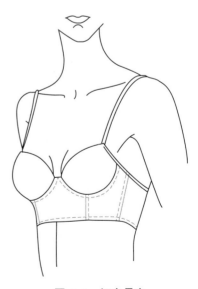

图4-1　短身骨衣

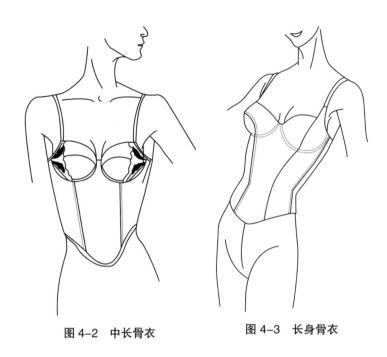

图 4-2　中长骨衣　　　　图 4-3　长身骨衣

3. 骨衣着身的注意要点

（1）胸的前中心不能空得太多，应有可以容一个手指的空间。

（2）罩杯的下沿固定于乳房底边。

（3）腰围处收压自然恰当，无勒入身体感。

（4）档长合适，无压迫感，大腿根部收压适宜，不能勒入身体，且保证活动自如。

（5）肩带的松紧适宜，肩带不能勒入身体。

（6）臀部造型自然，无不适感。

二、泳衣

如果说骨衣衬托出了女性华丽妩媚的一面，而泳装则勾勒出女性清新健美的神采。

1. 泳衣的类型

（1）两件式泳衣：指上衣和裤分开的泳衣套装，有比基尼式泳衣和一般两件式泳衣，两件式泳衣可以看作是文胸与内裤的组合，因此我们不作过多介绍。

（2）一件式泳衣：包括有肩带式、筒式和企领中式。上身如背心的肩带式泳装非常传统，是最多人选择的款式。其实肩带式的泳装虽然普通，但通过肩带的变化，也有特别的设计，如曾流行过的单肩一件式泳衣；再如前中深 V 型设计和绕颈式样的泳衣，对上窄下宽的体型是很好的修饰。另外，在胸围线上加一圈独特的修饰，可以令体型更趋完美。

筒式泳衣显得较为别致，其结构较为简单，它的衣身呈筒状，可加上吊带，也有的吊带是可以拆下的。这种泳衣能降低胸部和臀部的透明度,高裁的底边能使腿显得长一些。

2. 泳衣与体型的搭配

由于泳衣布料用得少，而且剪裁贴身，容易暴露缺点，因此泳衣的选择要注意与身材的搭配，从款式上着手，遮掩身材的缺点。

（1）A 体型：适合于选择前胸有褶的泳衣款式，因为具立体感的褶皱，可使胸部看来更丰满。若想效果更加显著，颜色鲜艳的泳衣可令线条更加突出。A 体型人要避免选款式太简单且单色的泳衣。

（2）B 体型：选择裙式泳衣和分体式泳衣是这类身材的最佳选择。裙式泳衣的下摆可以起到遮盖作用，但应该注意的是裙摆的宽度，过于紧身只能起到相反作用。分体式泳衣由于其中间的分割，减弱了腰部和胯部的对比。另外，上身配有较夸张图案的泳衣，具有转移视线的作用，而短裤或短裙则能有效遮掩丰满的臀部，发挥出修饰的效果。

（3）H 体型：适合于设计独特的泳衣来增加身体的层次美感，可以让你变得神秘而性感，但应尽量避免选择色彩鲜艳和图案夸张的款式。当然虽然这类抢眼的款式可令身材显得较丰满，但不能令身材显得修长。

白色禁忌——因为浅色的关系，再加上布料不够厚实，一下水就会有透视的情况，所以在选择时要选厚实的质地，可用力拉一拉，测试布料的厚薄情况。

三、其他连身衣

本章将背心、吊带裙等居家内衣或装饰内衣也归属于连身衣的范畴。这类内衣大多已经走上了内衣外穿的趋势。其风格类型多样，面料不拘一格。

四、连身衣的号型规格

1. 半身骨衣号型规格

骨衣号型规格是按照人体的胸围、下胸围尺寸和胸腰围差来定。由于面料弹性以及人体差异的原因，在骨衣的号型规格中，腰围尺寸大多作通码处理。也就是说骨衣的号型规格沿袭了文胸的表示方法，表示为 75A、75B、80B 等。

2. 连身骨衣号型规格

连身骨衣号型规格一般按照人体的胸围、下胸围和臀围尺寸来定，可以看作是文胸号型和束裤号型的组合，一般表示为 A65S、B70M、B75L 等。例如，A70M 适合于胸围 80cm、下胸围 70cm、臀围 85~93cm 的女性；而 C75L 则适合于胸围 90cm、下胸围 75cm、臀围 95~103cm 的女性。

3. 泳衣号型规格

由于泳衣的面料弹力相对较大，因此在号型规格的定制上较为简单，按照人体的身高来制定，一般表示为 S、M、L 等。至于背心、吊带裙等这一类内衣的号型规格已经沿袭了外衣的定制方法，在此不再作阐述（表4-1）。

表4-1　泳衣号型规格　　　　　　　　　单位：cm

号码	号型	身高	胸围
S	150/76~155/84	150~155	76~84
M	155/84~160/92	155~160	84~92
L	160/88~165/96	160~165	88~96
XL	165/96~170/104	165~170	96~104

第二节　骨衣

一、短身（高腰）骨衣

1.款式图（图4-4、图4-5）

图4-4　短身骨衣款式图　　　　　　　图4-5　短身骨衣效果图

2.成品规格（表4-2）

表4-2　短身骨衣成品规格　　　　　　　　　单位：cm

位标	部位	尺寸	位标	部位	尺寸
Ⓐ	下胸围	59	Ⓖ	鸡心顶	2
Ⓑ	杯高	12.5	Ⓗ	后中长	9
Ⓒ	杯宽	20	Ⓘ	上比围（长）	16.5
Ⓓ	杯底（捆碗）	20.9	Ⓙ	下摆围（下脚长）	53
Ⓔ	杯边	15.5	Ⓚ	侧比高（侧骨）	14
Ⓕ	前中长	13.5			

3. 款式特点

单褶夹棉罩杯、短身骨衣、普通鸡心、水平型。

4. 主要面、辅料

拉架弹性面料、花边。

5. 钢圈类型和尺寸

普通鸡心钢圈，钢圈内径为 12cm，钢圈外长为 20.3cm。

6. 制图要点

（1）胶骨长比各破缝线实际长要短 1~1.5cm。

（2）成品后片上比围和下摆围，各含有 1cm、3cm 的缩份。即后片上比围和下摆围实际纸样长分别为 17.5cm、56cm。

7. 罩杯制图（图 4-6）

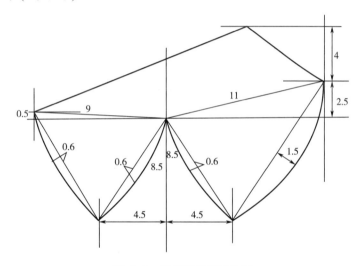

图 4-6　罩杯纸样结构制图

8. 衣身制图（图 4-7）

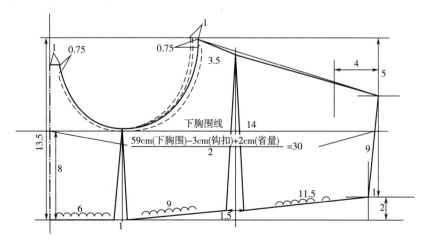

图 4-7　衣身纸样结构制图

二、中长（中腰）骨衣

1. 款式图（图 4-8、图 4-9）

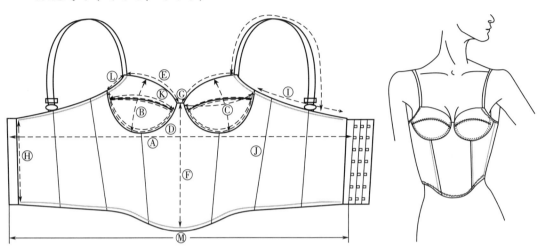

图 4-8　中长骨衣款式图　　　　　　　　图 4-9　中长骨衣效果图

2. 成品规格（表 4-3）

表 4-3　中长骨衣成品规格　　　　　　　　　　　　　单位：cm

位标	部位	尺寸	位标	部位	尺寸
Ⓐ	下胸围	60	Ⓗ	后中长	16
Ⓑ	杯高	13	Ⓘ	上比围（长）	18.5
Ⓒ	杯宽	20	Ⓙ	（侧骨）侧比高	22
Ⓓ	杯底（捆碗）	20.9	Ⓚ	杯横线（杯骨）长	19
Ⓔ	杯边	15	Ⓛ	夹弯	5.5
Ⓕ	前中长	25	Ⓜ	下摆围	59
Ⓖ	鸡心顶	2			

3. 款式特点

单层罩杯（内加托纱）、水平型、上下杯结构、高鸡心、中腰骨衣。

4. 主要面、辅料

拉架弹性面料、定型纱。

5. 钢圈类型和尺寸

普通鸡心钢圈，钢圈内径为 12.0cm，钢圈外长为 20.3cm。

6. 制图要点

（1）胶骨长比各破缝线实际长要短 1.5cm。

（2）成品后片上比围和下摆围，各含有 1cm、3cm 的缩份。即后片上比围和下摆围的实际纸样长分别为 17.8cm、62cm。

7. 罩杯制图（图 4-10）

罩杯纸样中阴影部分为托纱纸样。

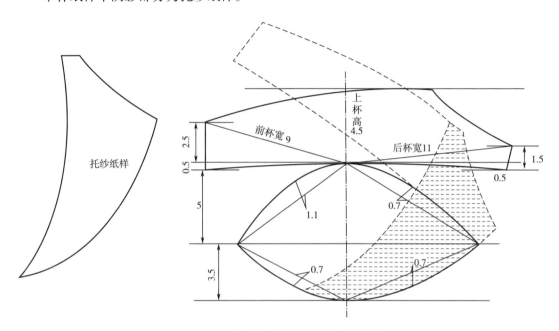

图 4-10　中长骨衣罩杯的纸样结构制图

8. 衣身制图（图 4-11）

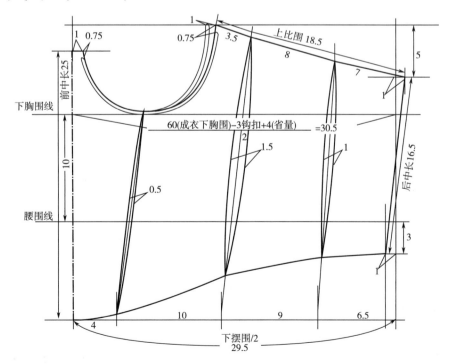

图 4-11　中长骨衣衣身的纸样结构制图

三、长身（底腰）骨衣

1. 款式图（图 4-12、图 4-13）

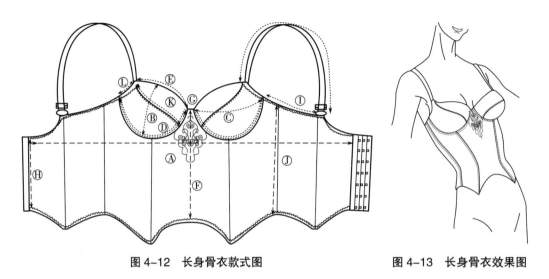

图 4-12　长身骨衣款式图　　　　　　　图 4-13　长身骨衣效果图

2. 成品规格（表 4-4）

表 4-4　长身骨衣成品规格　　　　　　　　　　　　　　单位：cm

位标	部位	尺寸	位标	部位	尺寸
Ⓐ	下胸围	59	Ⓖ	鸡心顶	2
Ⓑ	杯高	12.5	Ⓗ	后中长	12
Ⓒ	杯宽	20	Ⓘ	上比围	12.8
Ⓓ	杯底（捆碗）	20.9	Ⓙ	侧比（侧骨）高	20
Ⓔ	杯边	15.9	Ⓚ	杯横线（杯骨）长	17.5
Ⓕ	前中长	22	Ⓛ	夹弯	7.5

3. 款式特点

上下夹棉罩杯、长身骨衣、普通鸡心。

4. 主要面、辅料

拉架弹性面料。

5. 钢圈类型和尺寸

普通鸡心钢圈，钢圈内径为 12cm，钢圈外长为 20.3cm。

6. 制图要点

（1）胶骨长比各破缝线实际长要短 1.5cm。

（2）成品后片上比围含有 0.7cm 的缩份，即后片上比围的实际纸样长为 13.5cm。

7. 罩杯制图（图 4–14）

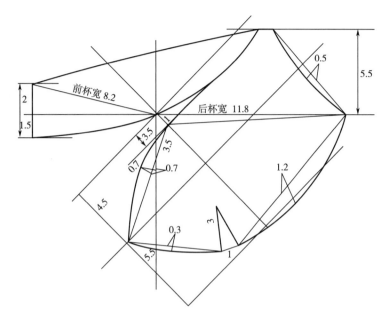

图 4–14 长身骨衣罩杯的纸样结构制图

8. 衣身制图（图 4–15）

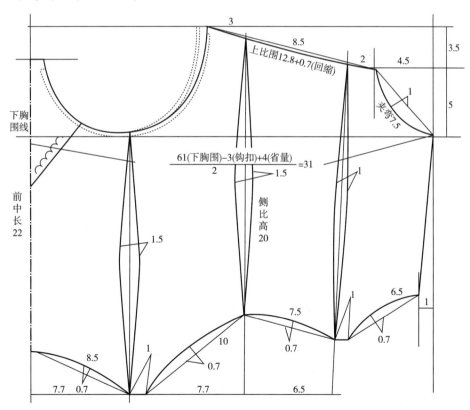

图 4–15 长身骨衣衣身的纸样结构制图

四、隐形短身（高腰）骨衣

1. 款式图（图 4-16）

图 4-16 隐形骨衣款式图

2. 成品规格（表 4-5）

表 4-5 隐形骨衣（75B）成品规格 单位：cm

部位	尺寸	部位	尺寸
下脚长（含第一扣）	61	外鸡心高（至下脚位）	13
外杯边	23	上比长	16
内（模）杯边	19.5	外侧比长（至下脚位）	14
外杯高	21.5	后比中长	13
内（模）杯高	13.5	肩带长（回扣5cm）	40
下围（下扒）长	16.5	肩带剪长	48
杯底（捆碗）长	23	背扣宽	11.5

3. 款式特点

隐形模杯、短身（高腰）骨衣、面布左右结构、高鸡心、水平型。

4. 主要面里布

花边，泳布。

5. 纸样制图（图 4-17）

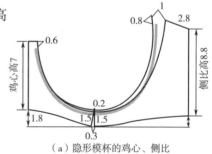

（a）隐形模杯的鸡心、侧比

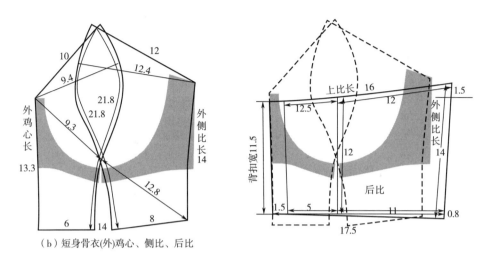

（b）短身骨衣(外)鸡心、侧比、后比

图4-17　隐形短身（高腰）骨衣纸样结构制图

6.工业纸样

根据车缝工艺增加缝份，完成工业纸样（图4-18）。

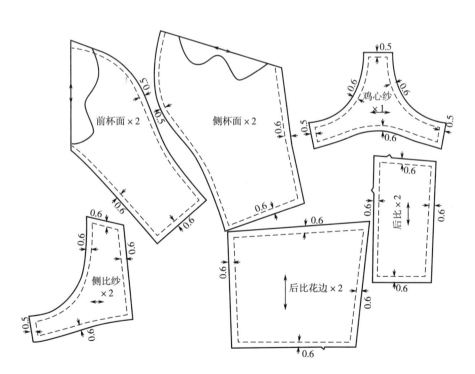

图4-18　工业纸样

第三节　连体衣、泳衣

一、上下式罩杯连体衣

1. 款式图（图 4-19）

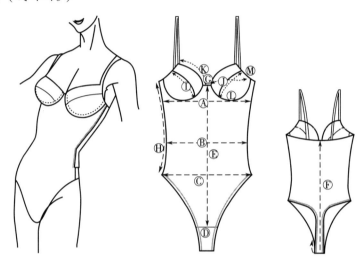

图 4-19　上下式罩杯连体衣款式图

2. 成品规格（表 4-6）

表 4-6　上下式罩杯连体衣成品规格　　　　　　　　单位：cm

位标	部位	尺寸	位标	部位	尺寸
Ⓐ	下胸围/2	31	Ⓗ	侧缝长	24.5
Ⓑ	腰围/2	28	Ⓘ	杯横线（杯骨）	17.5
Ⓒ	腹围/2	32	Ⓙ	杯宽	20
Ⓓ	档宽	5	Ⓚ	杯边	15.5
Ⓔ	前中长	40	Ⓛ	杯底（捆碗）	21.3
Ⓕ	后中长	50	Ⓜ	夹弯	7
Ⓖ	鸡心顶	2			

3. 主要面、辅料

拉架弹性面料。

4. 钢圈尺寸

钢圈内径为 12.5cm，钢圈外长为 19.2cm。

5. 制图要点

（1）衣身后片上围纸样长 34cm，缩 1cm，即完成长为 33cm。

（2）衣身后片下摆围纸样长 43cm，缩 2m，即完成长为 41cm。

（3）衣身前片下摆围纸样长 23.5cm，缩 1cm，即完成长为 22.5cm。

数据是纸样的尺寸，回缩是车缝带来的尺寸变化。

6.纸样结构制图（图 4-20）

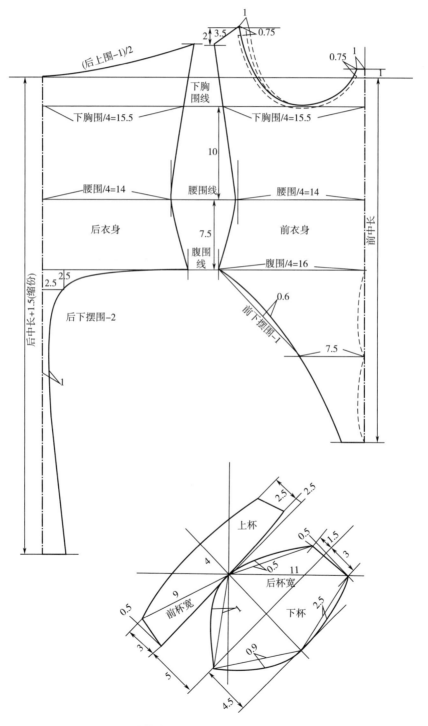

图 4-20　连体衣上下式罩杯、衣身的纸样结构制图

二、无鸡心罩杯连体衣

1. 款式图（图 4-21）

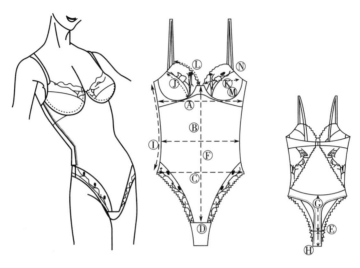

图 4-21　无鸡心罩杯连体衣款式图

2. 成品规格（表 4-7）

表 4-7　无鸡心罩杯连体衣成品规格　　　　单位：cm

位标	部位	尺寸	位标	部位	尺寸
Ⓐ	下胸围 /2	37	Ⓗ	底裆长	12.5
Ⓑ	腰围 /2	34	Ⓘ	侧缝长	24
Ⓒ	腹围 /2	37	Ⓙ	杯横线（杯骨）长	17.5
Ⓓ	前裆宽	8	Ⓚ	杯宽	21
Ⓔ	后裆宽	3	Ⓛ	杯边	17
Ⓕ	前中长	39.5	Ⓜ	杯底（捆碗）	20.3
Ⓖ	后中长	1	Ⓝ	夹弯	7.5

3. 主要面、辅料

拉架弹性面料、花边、平纹布。

4. 制图要点

（1）与前一款式相比，此款增加了花边面料，制图时要注意对花边的把握。

（2）后片花边与比相结合，制图时要注意"飞比"的现象出现。飞比是内衣的外观效果中的一个专业名词，主要指穿在身上后比位向上翘起，不在水平位置上。

（3）后中位的水滴镂空，要大小合适。

5. 纸样结构制图（图 4-22）

各部位回缩量与前一款式相同。

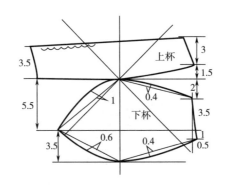

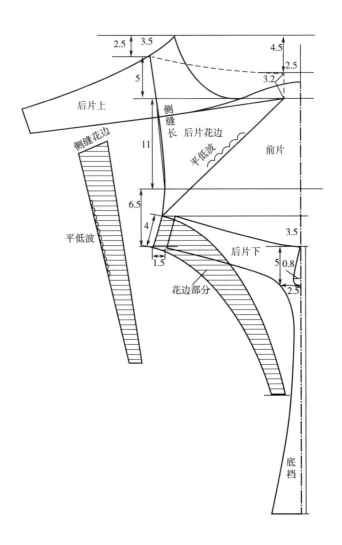

图 4-22 连体衣无鸡心罩杯、衣身纸样结构制图

三、软罩杯 V 领高叉连体衣

1. 款式成品图（图 4-23）

图 4-23　软罩杯 V 领高叉连体衣款式成品图

2. 成品规格（表 4-8）

表 4-8　软罩杯 V 领高叉连体衣成品规格　　　　　单位：cm

字母	部位	尺寸
Ⓐ	胸围 /2	30
Ⓑ	腰围 /2	30
Ⓒ	裆宽	13.5
Ⓓ	前中长	47.5
Ⓔ	后中长	54
Ⓕ	侧缝长	29.5

3. 主要面、辅料

弹力网布，弹力提花布，花边。

4.纸样结构制图（图 4-24）

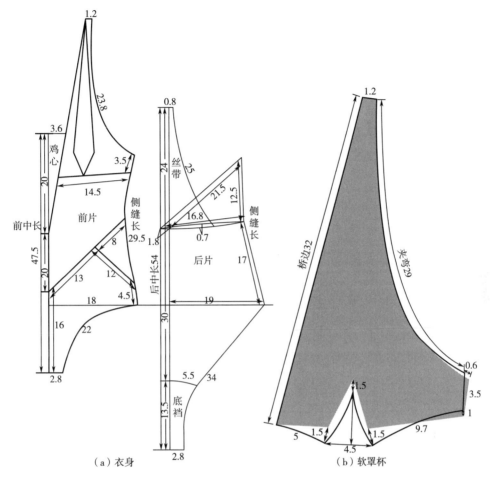

（a）衣身　　　　（b）软罩杯

图 4-24　V 领高叉连体衣衣身、软罩杯纸样结构制图

四、无省无罩杯连体衣

1.款式图（图 4-25）

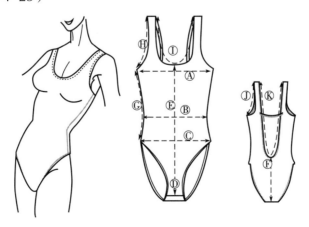

图 4-25　无省无罩杯连体衣款式图

2. 成品规格（表4-9）

表4-9　无省无罩杯连体泳衣成品规格　　　　　　　　单位：cm

位标	部位	尺寸
Ⓐ	胸围/2	34
Ⓑ	腰围/2	30.5
Ⓒ	腹围/2	35
Ⓓ	裆宽	8
Ⓔ	前中长	57.5
Ⓕ	后中长	30
Ⓖ	侧缝长	26
Ⓗ	前夹弯	24
Ⓘ	前领口	44
Ⓙ	后夹弯	24
Ⓚ	后领口	85

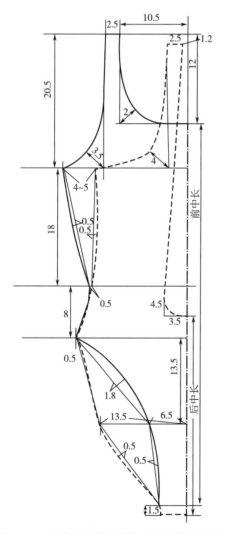

3. 主要面、辅料

拉架弹性面料。

4. 制图要点

（1）衣身前夹弯纸样长24.5cm，缩0.5cm，即完成长为24cm。

（2）衣身后夹弯纸样长24.5cm，缩0.5cm，即完成长为24cm。

（3）衣身前领口纸样长45cm，缩1cm，即完成长为44cm。

（4）衣身后领口纸样长87.5cm，缩2.5cm，即完成长为85cm。

（5）衣身下摆围纸样长61cm，缩1cm，即完成长为60cm。

（6）注意后片制图要做内倾处理，防止肩带下滑。

5. 衣身制图

无省无罩杯连体衣的衣身制图见图4-26。

图4-26　无省无罩杯连体泳衣纸样结构制图

五、加肋省无罩杯连体衣

1. 款式图（图 4-27）

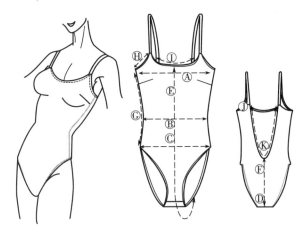

图 4-27 加肋省无罩杯连体衣款式图

2. 成品规格（表 4-10）

表 4-10 加肋省无罩杯连体衣成品规格　　单位：cm

位标	部位	尺寸
Ⓐ	胸围 /2	34
Ⓑ	腰围 /2	26.5
Ⓒ	腹围 /2	32
Ⓓ	裆宽	9
Ⓔ	前中长	54
Ⓕ	后中长	24
Ⓖ	侧缝长	25.5
Ⓗ	前夹弯	7.5
Ⓘ	前领口	26
Ⓙ	后夹弯	11.5
Ⓚ	后领口	45

3. 主要面、辅料

拉架弹性面料。

4. 制图要点

（1）衣身前夹弯纸样长 7.7cm，缩 0.2cm，即完成长为 7.5cm。

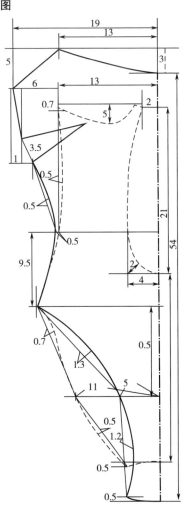

图 4-28 衣身纸样

（2）衣身后夹弯纸样长 11.7cm，缩 0.2cm，即完成长为 11.5cm。

（3）衣身前领口纸样长 26.6cm，缩 0.6cm，即完成长为 26cm。

（4）衣身后领口纸样长 46cm，缩 1cm，即完成长为 45cm。

（5）衣身下摆围纸样长 53.5cm，缩 1.5cm，即完成长为 52cm。

（6）与前一款式相比，此款在腋下加一肋省，突出胸部造型。下身为比基尼三角裤造型，强调对臀部的包容性。同时注意后片内倾的处理。

5. 衣身制图

加肋省无罩杯连体衣的衣身制图见图 4-28。

第四节　功能性连体衣

一、无罩杯无胸省短裤式连体衣

这类连体衣要特别注意肩带的处理。为了防止肩带下滑，将前后肩带分别向前中、后中倾斜（图 4-29、图 4-30）。女士功能内衣的结构设计，同成品的差异很大，

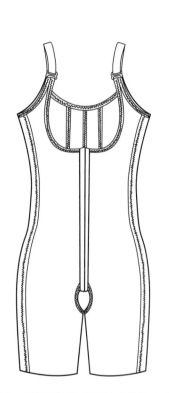

图 4-29　无罩杯无胸省短裤式连体衣款式图

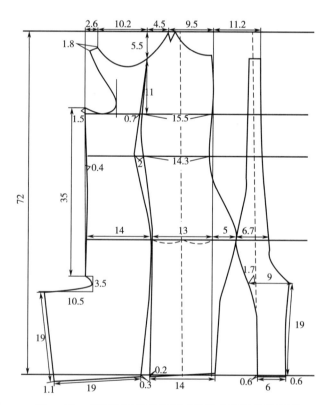

图 4-30　无罩杯无胸省短裤式连体衣纸样结构制图

在本章节中不做相应的限制，成品尺寸需要根据工艺、材料做大量的调整，需要更多的篇幅做说明。所以这里只是做基本的结构参考出现。

二、无裤式连体衣

无裤式连体衣的款式图见图4-31，纸样结构制图见图4-32。

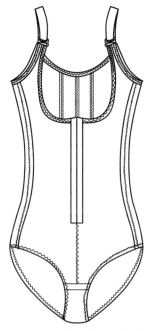

图4-31 无裤式连体衣款式图

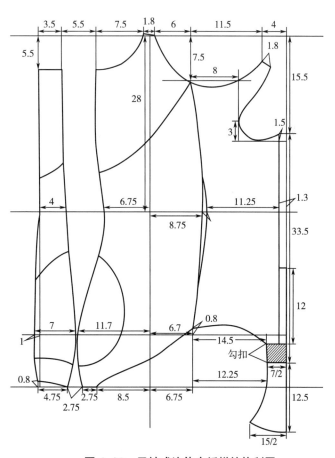

图4-32 无裤式连体衣纸样结构制图

三、连袖长裤式连体衣

连袖长裤式连体衣的款式图见图4-33，纸样结构制图见图4-34。

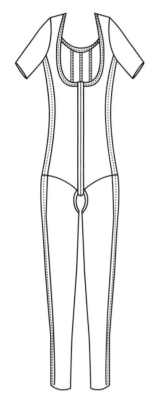

图4-33 连袖长裤式连体衣款式图

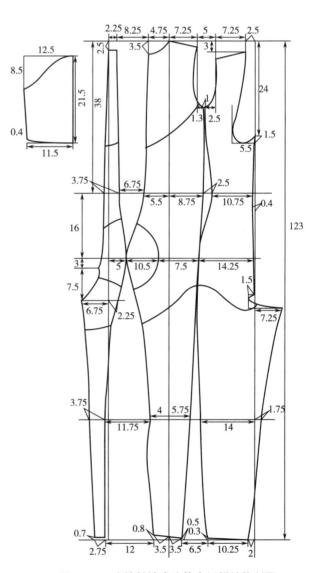

图4-34 连袖长裤式连体衣纸样结构制图

四、高腰背带式连体衣裤

高腰背带式连体衣裤的款式图见图 4-35，纸样结构制图见图 4-36。

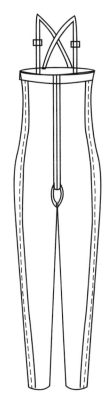

图 4-35　高腰背带式连体衣裤款式图

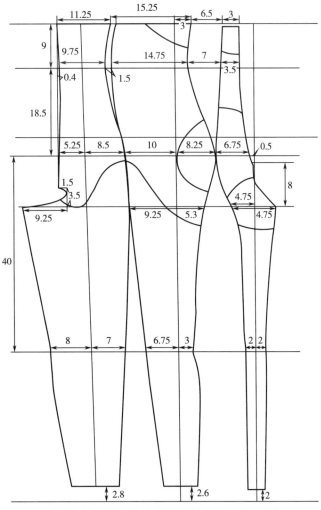

图 4-36　高腰背带式连体衣裤纸样结构制图

五、连袖式束身衣

连袖式束身衣的款式图见图 4-37，纸样结构制图见图 4-38。

图 4-37　连袖式束身衣款式图

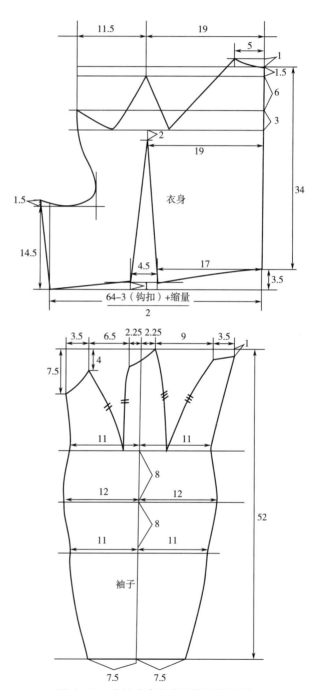

图 4-38　连袖式束身衣纸样结构制图

六、运动文胸

运动文胸的款式图见图 4-39，纸样结构制图见图 4-40。

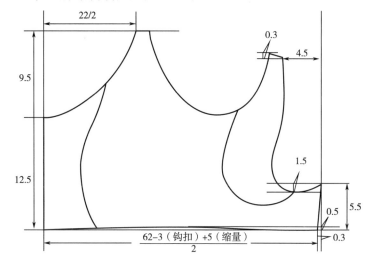

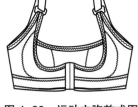

图 4-39 运动文胸款式图

图 4-40 运动文胸纸样结构制图

七、男士智能连体衣

男士智能连体衣的款式图见图 4-41，成品规格见表 4-11，纸样结构制图见图 4-42，工业纸样见图 4-43。

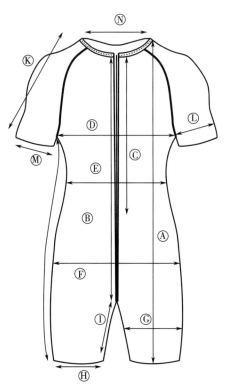

图 4-41 男士智能连体衣款式图

表 4-11　男士智能连体衣成品规格　　　　　　　　单位：cm

位标	部位	尺寸
Ⓐ	衣长 （肩颈点至脚口）	102
Ⓑ	后中长（不含裆）	75
Ⓒ	前中拉链开口	36.5
Ⓓ	胸围 /2	43
Ⓔ	腰围 /2	40
Ⓕ	臀围 /2	51
Ⓖ	大腿围 /2	20.3
Ⓗ	脚口 /2	18.1
Ⓘ	前裆缝长 /2	30.5
Ⓙ	后裆缝长 /2	32
Ⓚ	袖长	38.7
Ⓛ	袖肥 /2	17.5
Ⓜ	袖口 /2	12
Ⓝ	领宽	22

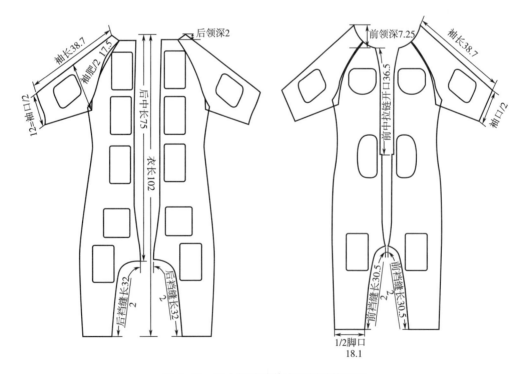

图 4-42　男士智能连体衣纸样结构制图

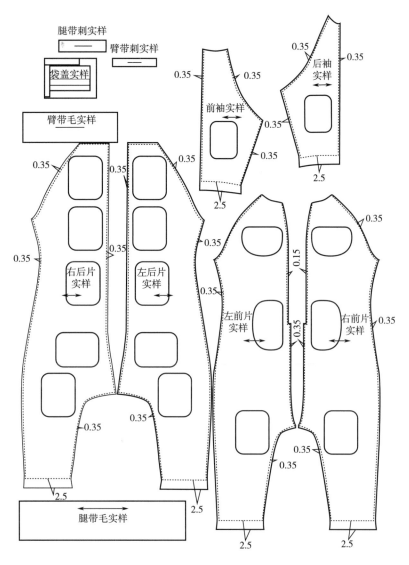

图 4-43 工业纸样

第五节 其他连体衣

一、吊袜带

1.款式图（图 4-44、图 4-45）

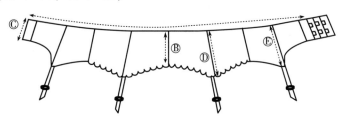

图 4-44 吊袜带款式图

图 4-45　吊袜带效果图

2. 成品规格（表4-12）

表 4-12　吊袜带成品规格　　　　单位：cm

位标	部位	尺寸
Ⓐ	腰围	55
Ⓑ	前中	39
Ⓒ	后中	3.2
Ⓓ	前扣缝长	13
Ⓔ	后扣缝长	13

3. 纸样结构制图（图4-46）

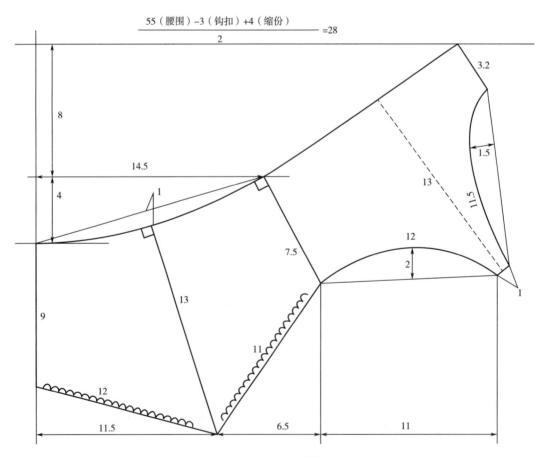

图 4-46　吊袜带纸样结构制图

二、三角杯背心

1. 款式图（图 4-47）

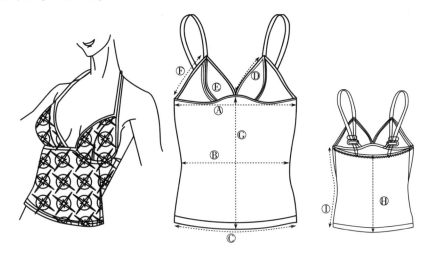

图 4-47　三角杯背心款式图

2. 成品规格（表 4-13）

表 4-13　三角杯背心成品规格　　　　　　　　单位：cm

位标	部位	尺寸
Ⓐ	下胸围 /2	34
Ⓑ	腰围 /2	33
Ⓒ	下摆围 /2	37
Ⓓ	杯边	13.5
Ⓔ	杯缝线（杯骨）	14.5
Ⓕ	夹弯长	14.5
Ⓖ	前中长	25.5
Ⓗ	后中长	24
Ⓘ	侧缝长	23

3. 款式特点

三角形罩杯，左右杯结构。

4. 主要面、辅料

拉架弹性面料。

5. 制图要点

下胸围线到腰围线的距离为 11.5cm 左右，这是在有罩杯的背心款式必须注意的地方。

6. 纸样结构制图（图4-48）

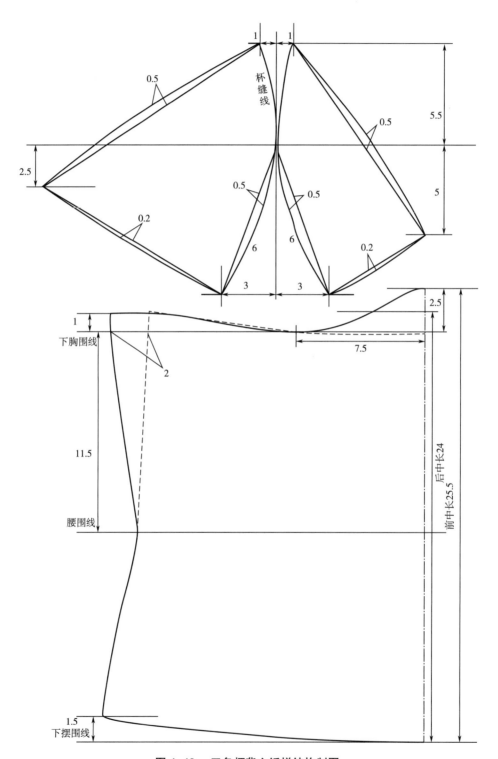

图4-48 三角杯背心纸样结构制图

三、"U"字领背心

1. 款式图（图 4-49）

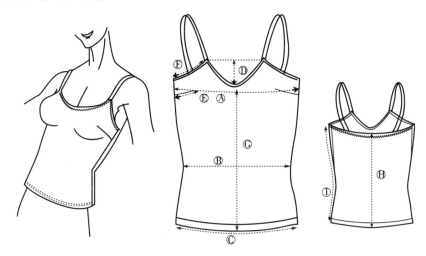

图 4-49 "U"字领背心款式图

2. 成品规格（表 4-14）

表 4-14 "U"字领背心成品规格　　　　　　　　　　单位：cm

位标	部分	尺寸
Ⓐ	下胸围 /2	35
Ⓑ	腰围 /2	33
Ⓒ	下摆围 /2	37
Ⓓ	前领深	6
Ⓔ	胸省长	10.5
Ⓕ	夹弯长	12
Ⓖ	前中长	30
Ⓗ	后中长	26
Ⓘ	侧缝长	27

3. 款式特点

单省无罩杯结构。

4. 主要面、辅料

拉架弹力面料。

5. 制图要点

胸围线到腰围线的距离为 16.5cm 左右，这是无罩杯的背心款式必须注意的地方。

6. 纸样结构制图（图 4-50）

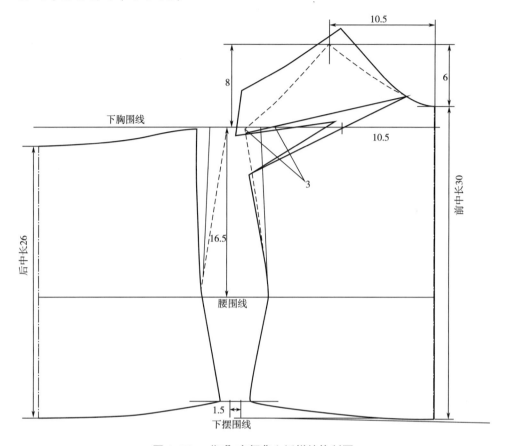

图 4-50 "U"字领背心纸样结构制图

四、一字领背心

1. 款式图（图 4-51）

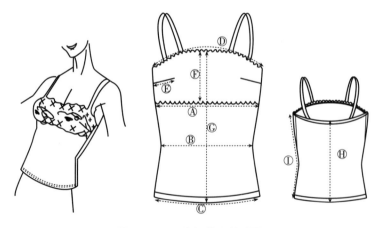

图 4-51 一字领背心款式图

2. 成品规格（表4-15）

表4-15　一字领背心成品规格　　　　　　单位：cm

位标	部分	尺寸	位标	部分	尺寸
Ⓐ	下胸围/2	36	Ⓕ	杯高	14
Ⓑ	腰围/2	33	Ⓖ	前中长	33
Ⓒ	下摆围/2	36	Ⓗ	后中长	27
Ⓓ	前上围	39	Ⓘ	侧缝长	28
Ⓔ	胸省长	10.5			

3. 款式特点

三角形，左右杯结构。

4. 主要面、辅料

花边，拉架弹性面料。

5. 制图要点

胸围线到腰围线的距离为16.5cm，这是无罩杯的背心款式必须注意的地方。

6. 衣身制图（图4-52）

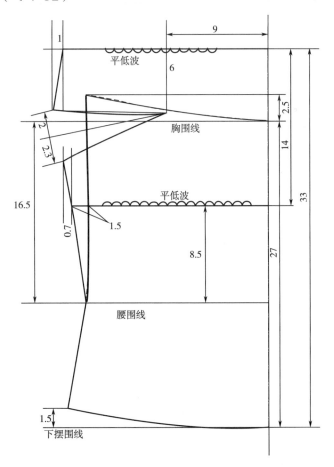

图4-52　一字领背心纸样结构制图

五、女士保暖衣原型

1.成品规格（表4-16）

表4-16　女士保暖衣成品规格　　　　单位：cm

字母	部分	尺寸
Ⓐ	衣长	58.5
Ⓑ	胸围	72
Ⓒ	腰围	64
Ⓓ	袖长	54.5
Ⓔ	袖口	17

2.纸样结构制图（图4-53）

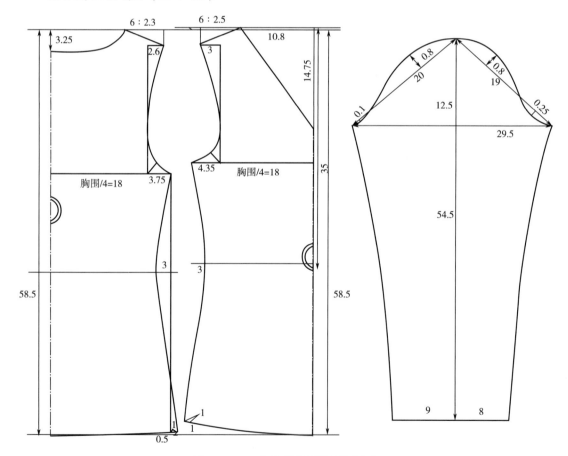

图4-53　女士保暖衣纸样结构制图

3. **工业纸样**（图 4-54）

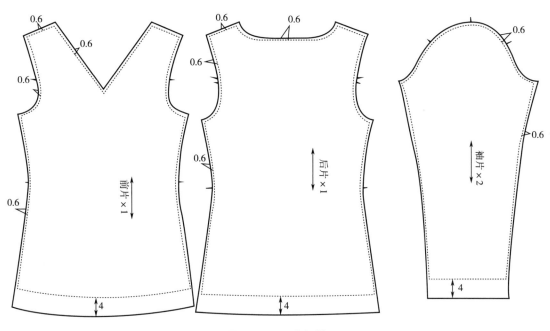

图 4-54　工业纸样

第五章　内衣工业样板

第一节　工业样板概念阐述

制作工业样板是内衣生产企业在裁剪、生产前不可缺少的一个环节，样板制定的准确与否，直接决定着成品的质量和性能。工业样板制作包括纸样放码和毛样以及工艺辅助样板制作。

一、样板

样，一般是指样衣，是以某款式为目的而制作的标准成品样。样衣的制作是检验板型，确认批量生产前的必要环节。

板，就是为制定样衣以及批量生产而制定的结构板型，有毛样板和净样板之分（图5-1、图5-2）。

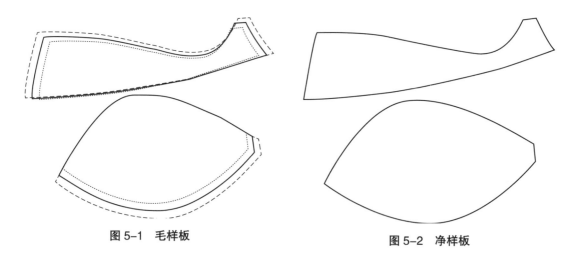

图 5-1　毛样板　　　　　　　　　图 5-2　净样板

二、基本码

基本码是推板所用的标准样板，也称为母板，是根据款式要求进行设计、裁剪的纸板。所有的放码规格都以基本码为标准进行放缩。

三、放码

内衣的工业化生产要求同一个款式有多个号型，这样才能满足不同体型的消费者的需求。但是，实际操作过程中，不可能将每一个号型的纸样都独立制作。这样太烦琐，既浪费时间又浪费劳动力。这就要求企业按照国家或国际以及行业技术标准制定各种号型规格，制作全套的或部分的裁剪样板。这种以基本码为基础，兼顾各个号型，通过科学的计算进行缩放而制定出系列号型样板的方法叫样板放码，也称为推板。

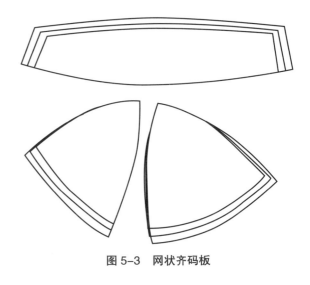

图 5-3　网状齐码板

制定齐码板时，规格设计中的数值要具有科学性、专业性并符合一定的标准，否则无法制定出合理的样板，同样也无法推出合理的系列板型（图 5-3）。

四、工艺辅助样板

在工艺制作过程中，需要将纸样做一定的处理，这样在车缝过程中更加容易达到标准。由此也需要制作辅助样板，达到质量标准的同时，提高生产效率（图 5-4~图 5-6）。

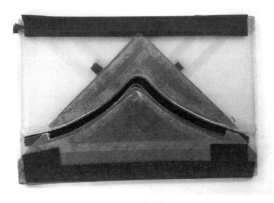

图 5-4　工艺辅助样板一

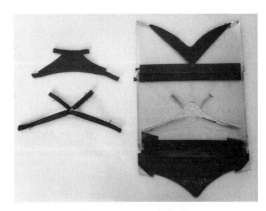

图 5-5　工艺辅助样板二

图 5-6　工艺辅助样板三

第二节　文胸罩杯部位的放码原则

一、关键尺寸的档差设定

1. 下胸围档差

文胸放缩是以下胸围线为基础的，下胸围的尺寸按其号型规格来看，多以 5cm（70、75、80、85）为一个档差。在实际放缩中，考虑到面料的特殊性，实取 4cm 为一个档差（通常 75B 的成品下胸围尺寸为 60cm，对应的胸围尺寸为 75cm。按照拉伸比例，样品档差为 4cm，对应的人体档差为 5cm）。

2. 杯宽档差

参照人体尺寸的增减，每一档胸围增加 2.5cm，杯宽的档差实取 1~1.25cm。

3. 杯高档差

参照人体的尺寸，下杯高的档差为 0.6cm。一般情况下，上杯高的档差参照下杯高的档差取 0.3~0.6cm。因此，杯高的档差一般取 0.9~1.2cm。

4. 杯底（捆碗）档差

捆碗的放码是根据钢圈放码规则而来，其档差与钢圈的档差相同，多数为 1.2cm，不同的内衣企业有着自己的尺码规则，也存在 1.3cm、1.5cm、1.8cm、2.0cm 的捆碗档差。

5. 侧比高档差

参照钢圈的档差，侧比高的档差一般为 0.5~0.75cm。

当选择不同钢圈放码规则时，罩杯尺寸的档差要有所变化。例如，钢圈外长为 1.8cm 放缩，钢圈内径为 0.9cm 放缩，杯宽为 1.8cm 放缩。

二、钢圈的放码原则

在讲述文胸的推板之前，我们要先了解一下钢圈的放缩情况。一般来说，钢圈的外长和内径的档差为 1.2cm/0.6cm。按照同心圆的规则，进行钢圈的放缩。按照款式调整心位以及侧位的放码数值。内径的放码值是规定的，心位以及侧位属于设计值，可以根据需要变化（图 5-7）。

（1）沿钢圈外缘线，以内径 0.6cm 的档差，按照同心圆的方式，做平行放缩。如图 5-8 所示，实线部分为基本码，短虚线为小码，长虚线为大码。

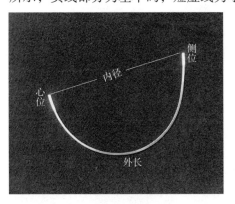

图 5-7 钢圈实样

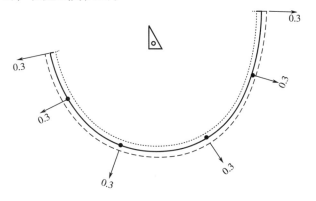

图 5-8 钢圈放码一

（2）调整心位点，做延长处理，调整到 Y 值为"0"，Y 值不放码。同时测量大小码之间的档差：数值为 0.93cm（图 5-9、表 5-1）。

表 5-1 钢圈放码尺寸　　　　　　　　　　　　　　　　　　　　　　单位：cm

尺码	外长	档差
70B	20.04	0.93
75B	20.96	0.93
80B	21.89	0.93

（3）调整侧位点，同心位点一样，做延长处理。根据前面步骤测量的档差，达到 1.2cm 还需延长 0.25cm（图 5-10、表 5-2）。

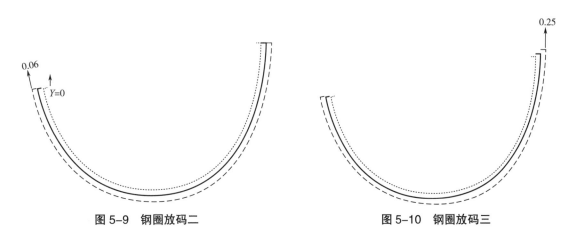

图 5-9 钢圈放码二　　　　　　　　　　　　　　图 5-10 钢圈放码三

表 5-2 钢圈放码尺寸　　　　　　　　　　　　　　　　　　　　　　单位：cm

尺码	70B	75B	80B
内径	11.8	12.4	13
外长	19.8	21	22.2

三、模杯的放码原则

模杯的放码：模杯作为模具产生的半成品，其放码规则需要参考人体的号型变化。通常在确定基本码以后，以胸高点为标准，按照同心圆的方式放缩。

1. 模具图片（图5-11、图5-12）

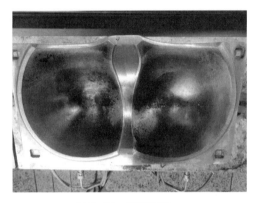

图5-11　模具图片一

图5-12　模具图片二

2. 切角杯放码规律（图5-13、表5-3）

表5-3　切角杯放码　　　　　　　　　　　　　　　单位：cm

项目	上杯高	前杯宽	下杯高	后杯宽	夹弯
档差	0.4	0.5	0.6	0.75	0.6

3. 低鸡心模杯放码规律（图5-14、表5-4）

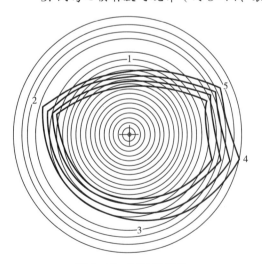

图5-13　切角杯放码

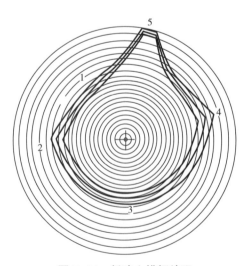

图5-14　低鸡心模杯放码

表 5-4　低鸡心模杯放码　　　　　　　　　　单位：cm

项目	上杯高	前杯宽	下杯高	后杯宽	夹弯
档差	0.4	0.5	0.6	0.75	0.3

4. 模杯图片大小展示（图 5-15）

5. T-shit 模杯（低鸡心）放码规律（图 5-16、表 5-5）

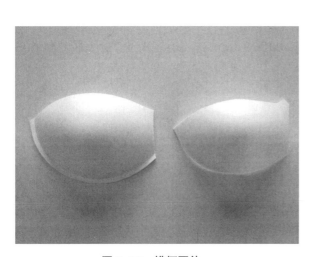

图 5-15　模杯图片

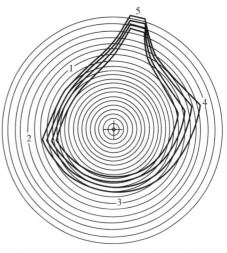

图 5-16　T-shit 模杯（低鸡心）放码

表 5-5　T-shit 模杯低鸡心放码　　　　　　单位：cm

项目	上杯高	前杯宽	下杯高	后杯宽	夹弯
档差	0.4	0.5	0.6	0.75	0.5

6. 齐码模杯图片排列展示（图 5-17）

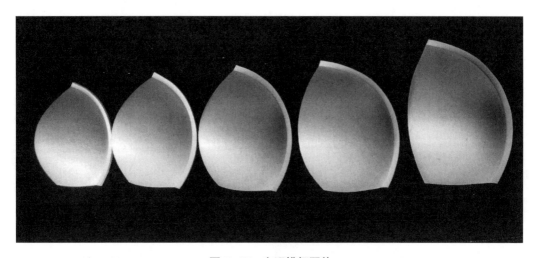

图 5-17　齐码模杯图片

四、拼缝结构罩杯放缩

按照基本杯型来介绍罩杯的推板方法，即上下杯、左右杯、"T"字杯。在罩杯的放缩中，以胸高点为参考点，主要针对杯高、杯缝（杯骨）、杯底（捆碗）进行推板。

罩杯的放缩较为特殊，为了达到方便操作和精确放缩的目的，参照钢圈的方式 "平行相似延长法"，即按杯底（捆碗）线、杯边线平行放缩，最后再调整杯底（捆碗）的档差，力求推板形近似。

1. 单褶杯放码

（1）杯底（捆碗）平行0.6cm放缩，包括前杯底（前捆碗）、后杯底（后捆碗）（图5-18、图5-19）。

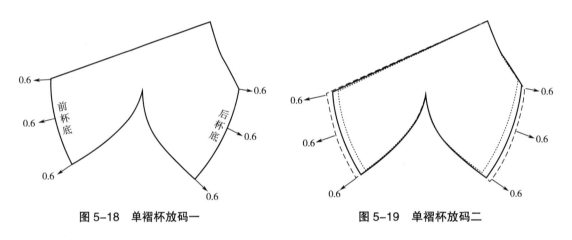

图5-18　单褶杯放码一　　　　　　　　图5-19　单褶杯放码二

（2）杯边按照杯高档差0.4cm，平行放缩。心位放码值由杯边、杯底（捆碗）线自然相互形成（图5-20）。

（3）杯顶（耳仔）按照杯边长放缩0.75cm的档差处理肩带杯顶（耳仔）位放码（图5-21）。

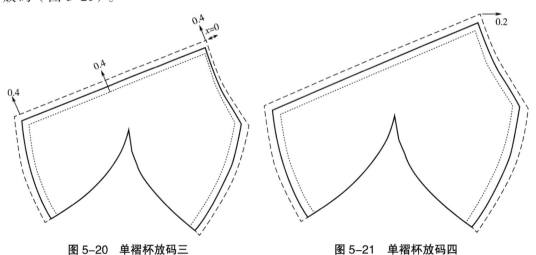

图5-20　单褶杯放码三　　　　　　　　图5-21　单褶杯放码四

（4）按照钢圈侧位顺延放码值 0.25cm，在侧位延长，自然连接夹弯弧线放缩。然后测量前后捆碗放缩量，实际放缩量为 1.12cm（图 5-22）。

（5）按照前后杯底（捆碗）的需求量，在下杯缝（杯骨）处调整前后杯底（捆碗）的放缩量（图 5-23、表 5-6）。

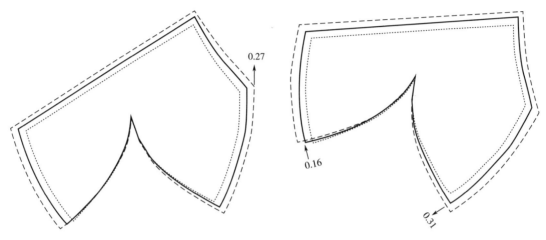

图 5-22　单褶杯放码五　　　　　　　　图 5-23　单褶杯放码六

表 5-6　单褶杯放码尺寸　　　　　　　　　　　　　　　　单位：cm

项目	前杯底（前捆碗）	档差	后杯底（后捆碗）	档差	合计
70B	0.66	−0.16	0.29	0.31	1.2
75B	0.66	−0.16	0.29	0.31	1.2
80B	0.66	−0.16	0.29	0.31	1.2

2. 左右杯放码

（1）杯底（捆碗）平行 0.6cm 放缩，包括前杯底（捆碗）、后杯底（捆碗）（图 5-24）。

（2）杯边按照杯高档差 0.4cm，平行放缩。心位放码值自然生成（图 5-25）。

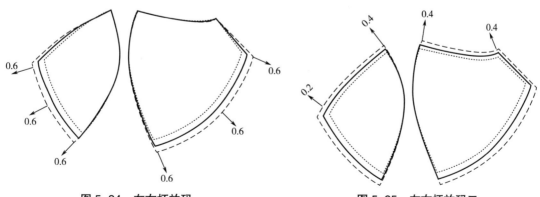

图 5-24　左右杯放码一　　　　　　　　图 5-25　左右杯放码二

（3）杯顶（耳仔）按照杯边长放缩0.75cm的档差处理肩带杯顶（耳仔）位放码（图5-26）。

（4）测量前后杯底（捆碗）放缩量，实际放缩量为1.12cm。将杯底（捆碗）档差0.25cm在侧位延长。自然连接夹弯弧线放缩（图5-27）。

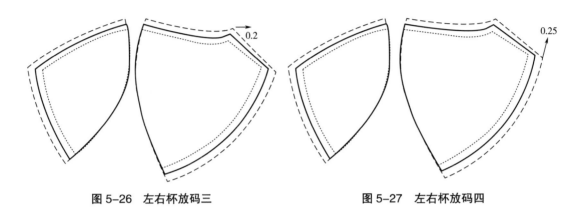

图5-26　左右杯放码三　　　　　　　　　　　图5-27　左右杯放码四

（5）按照前后杯底（捆碗）的需求量，在下杯骨处调整前后杯底（捆碗）的放缩量（图5-28、表5-7）。

表5-7　单褶杯放码尺寸 单位：cm

项目	前杯底（前捆碗）	档差	后杯底（后捆碗）	档差	合计
70B	0.49	0.01	0.67	0.03	1.2
75B	0.49	0.01	0.67	0.03	1.2
80B	0.49	0.01	0.67	0.03	1.2

3. 上下杯放码

（1）杯底（捆碗）平行0.6cm放缩，包括鸡心捆、侧比捆（图5-29）。

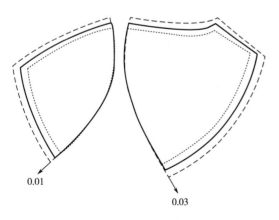

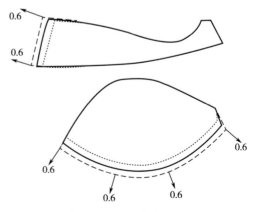

图5-28　左右杯放码五　　　　　　　　　　　图5-29　上下杯放码一

（2）杯边按照杯高档差 0.4cm，平行放缩。心位放码值自然生成（图 5-30）。

（3）按照肩带杯顶（耳仔）位置 X 值放码 0.2cm 的原则，处理肩带杯顶（耳仔）位置放码（图 5-31）。

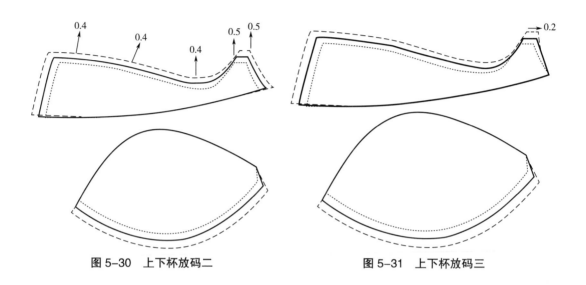

图 5-30　上下杯放码二　　　　　　　　　　图 5-31　上下杯放码三

（4）测量上下杯杯底（捆碗）放缩量，实际放缩量为 1.12cm。侧位顺延 0.25cm，下杯杯横线（杯骨）夹弯处放缩量同侧位相同，测量下杯杯骨档差，调整上杯杯骨夹弯处延长 0.4~0.6cm（图 5-32）。

（5）按照上下杯杯底（捆碗）的需求量，在杯横线（杯骨）处调整上下杯杯底（捆碗）的放缩量（图 5-33、表 5-8）。

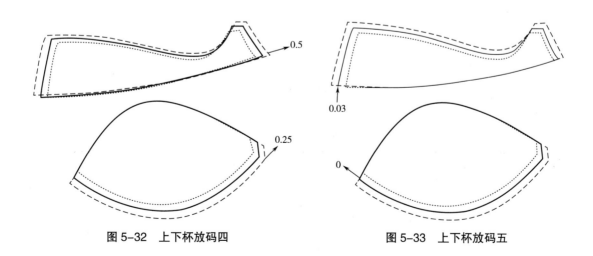

图 5-32　上下杯放码四　　　　　　　　　　图 5-33　上下杯放码五

表5-8　上下杯放码尺寸　　　　　　　　　　　　单位：cm

项目	前杯底（前捆碗）	档差	后杯底（后捆碗）	档差	合计
70B	0.38	−0.03	0.85	0	1.2
75B	0.38	−0.03	0.85	0	1.2
80B	0.38	−0.03	0.85	0	1.2

4. 上下"T"字杯放码

同上下杯的放缩步骤，增加前下杯底（捆碗）、侧下杯底（捆碗）档差的调整。

（1）杯底（捆碗）平行0.6cm放缩，包括上杯底（捆碗）、前下杯底（捆碗）、侧下杯底（捆碗）（图5-34）。

（2）杯边按照杯高档差0.4cm平行放缩。心位放码值与侧位放码值自然生成（图5-35）。

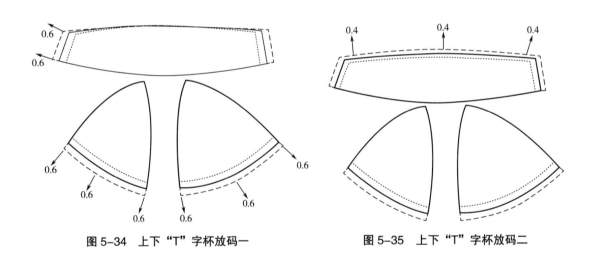

图5-34　上下"T"字杯放码一　　　　　　图5-35　上下"T"字杯放码二

（3）测量前后杯底（捆碗）放缩量，实际放缩量为1.06cm。按照上下杯杯底（捆碗）的需求量，在杯横线（杯骨）处调整上下杯杯底（捆碗）的放缩量（图5-36、表5-9）。

表5-9　上下"T"字杯放码尺寸　　　　　　　　　　单位：cm

项目	上杯前	档差	上杯侧	档差	下杯前	档差	下杯侧	档差
70B	0.2	0.05	0.2	0.05	0.25	0	0.41	0.04
75B	0.2	0.05	0.2	0.05	0.25	0	0.41	0.04
80B	0.2	0.05	0.2	0.05	0.25	0	0.41	0.04

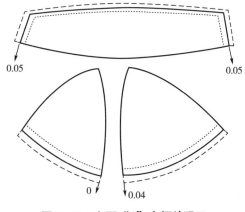

图 5-36 上下 "T" 字杯放码三

第三节　文胸鸡心与侧比部分的放码原则

文胸鸡心与侧比从结构上来看分为无下围（下扒）和带下围（下扒）两大类，侧比的放码与钢圈的放码是相关联的，不同号型间的放码存在着一定的差异。钢圈的放码规则决定了鸡心与下围（下扒）的放码规律。鸡心与侧比的常用档差规则：

（1）鸡心高档差：根据钢圈的放码规律，鸡心高档差通常为 0.3cm。

（2）鸡心顶档差：根据人体胸围前中宽，原则上，罩杯尺码越大，前中越小。一般在小码组转到大码组时，减小 0.2cm。

（3）杯底（捆碗）长档差：等同钢圈长度，档差为 1.2cm。

（4）钢圈开口档差：等同钢圈内径放码。

（5）下围（下扒）高档差：根据罩杯不同级别选择的丈巾宽度放缩。

（6）侧比高档差：根据钢圈放码规则，侧比高通常为 0.5cm。

（7）下脚长档差：根据下胸围档差 5cm，考虑成品综合弹力，通常取 4cm。

一、同号不同型之间的放码（下胸围围度相同，罩杯级别不同）：

号是指文胸的下胸围尺寸，即 75、80、85 等。因而，当号相同时，下胸围的尺寸是不变的。应当注意的是型的变化，即罩杯的变化、钢圈的变化所引起的鸡心与侧比的放码。

1. 有下围（下扒）文胸鸡心与侧比的放码

（1）同钢圈放码规则，放杯底（捆碗）线、鸡心位 Y 值为 0，侧位顺延 0.25cm 达到杯底（捆碗）1.2cm 放缩量（图 5-37）。

（2）复制 a 点到 A 点，B 点按鸡心高档差 0.3cm 顺延放码，复制 b 点到 c 点。

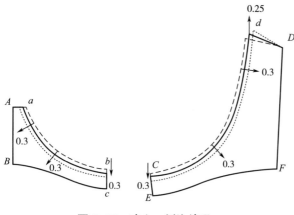

图 5-37　鸡心、侧比放码一

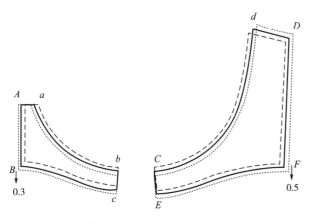

图 5-38　鸡心、侧比放码二

（3）复制 C 点到 E 点，复制 d 点到 D 点，复制 D 点到 F 点，F 点按照侧骨档差 0.5cm 顺延放码（图 5-38）。

（4）复制 D 点到 G 点，复制 F 点到 H 点。

（5）复制 J 点到 I 点，复制 I 点到 g 点，g 点 0.5cm 顺延放码。B 点 0.3cm 顺延放码，J 点 0.3cm 放码，背扣宽放码值为 0（图 5-39）。

2. 无下围（下扒）文胸鸡心与侧比的放码

（1）同钢圈放码规则，放杯底（捆碗）线，鸡心位 Y 值为 0，侧位顺延 0.25cm 达到杯底（捆碗）1.2cm 放缩量。

（2）复制 a 点到 A 点，B 点按鸡心高放码 0.3cm，复制 b 点到 c 点（图 5-40）。

（3）复制 C 点到 E 点，G 点放缩根据下脚档差 4cm，一半为 2cm，则 G 点放码值为 1.7cm，B 点顺延放码 0.3cm，G 点顺延放码 0.3cm，复制 E 点 Y 值到 G 点，顺延放码 0.3cm，复制 G 点到 F 点，背扣宽放码值为 0（图 5-41）。

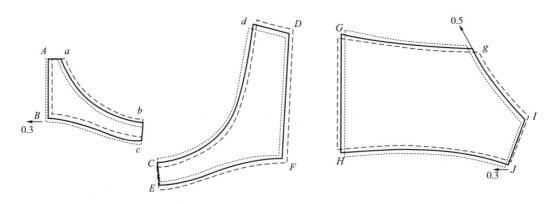

图 5-39　鸡心、侧比、边布放码

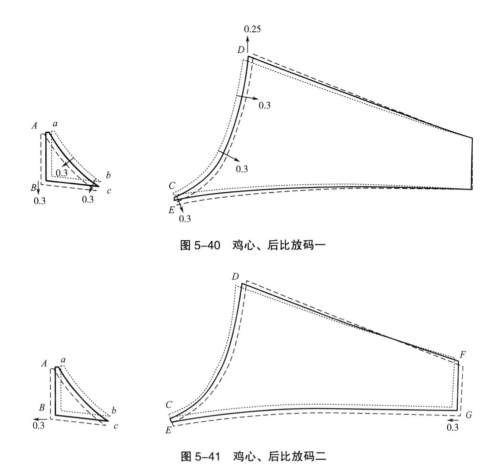

图 5-40 鸡心、后比放码一

图 5-41 鸡心、后比放码二

二、同型不同号之间的推板（相同罩杯级别，不同下胸围）

型是指文胸中罩杯的大小，即胸围与下胸围的差值，如 A 杯、B 杯、C 杯等。75B 和 80B 中的罩杯，都是 B 型的罩杯，由于胸围与下胸围同时增大，80B 的罩杯尺寸比 75B 的罩杯尺寸要大一个码。因此，鸡心和侧比的放码时钢圈位和下胸围同时变化。

1. 有下围（下扒）文胸鸡心与侧比的放码

（1）同钢圈放码规则，放捆碗线，鸡心位 Y 值为 0，侧位顺延 0.25cm 达到捆碗 1.2cm放缩量（图 5-42）。

（2）复制 a 点到 A 点，B 点按鸡心高档差 0.3cm 顺延放码，复制 b 点到 c 点。

（3）复制 C 点到 E 点，复制 d 点到 D 点，复制 D 点到 F 点，F 点按照侧骨档差 0.5cm顺延放码（图 5-43）。

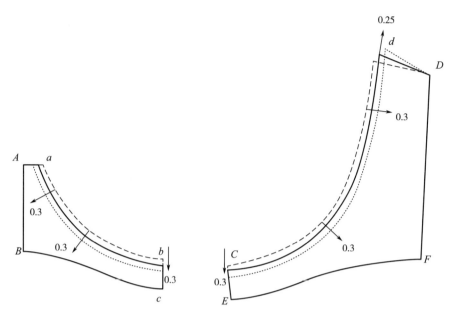

图5-42 有下围（下扒）鸡心、侧比放码一

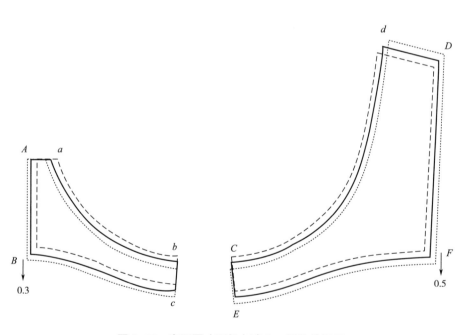

图5-43 有下围（下扒）鸡心、侧比放码二

（4）复制 D 点到 G 点，复制 F 点到 H 点。

（5）J 点放缩根据下脚档差 4cm，一半为 2cm，B 点 x 值为 0.25cm，则 J 点放码值为 1.75cm，复制 H 点 Y 值到 J 点，延长放码 1.75cm。复制 J 点到 I 点，背扣宽放码值为 0。复制 I 点到 g 点，g 点按照后带距 0.3cm 顺延放码（图5-44）。

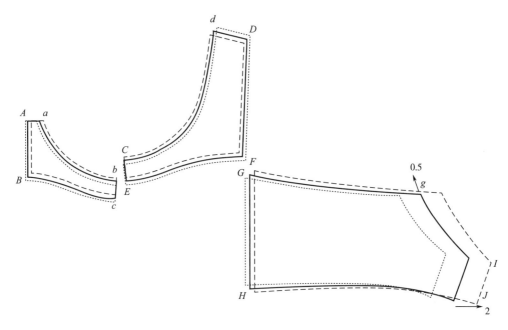

图5-44　鸡心、侧比、后比放码

2. 无下围（下扒）文胸鸡心与侧比的放码

（1）同钢圈放码规则，放杯底（捆碗）线，鸡心位 Y 值为 0，侧位顺延 0.25cm 达到杯底（捆碗）1.2cm 放缩量。

（2）复制 a 点到 A 点，B 点按鸡心高放码 0.3cm，复制 b 点到 c 点（图5-45）。

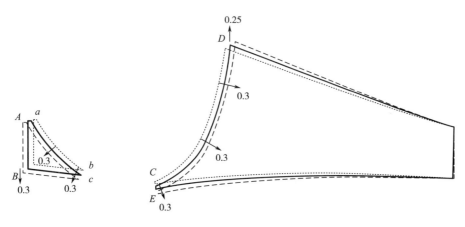

图5-45　鸡心、后比放码一

（3）复制 C 点到 E 点，J 点放缩根据下脚档差 4cm，一半为 2cm，B 点 x 值为 0.3cm，则 G 点放码值为 1.7cm，复制 E 点 Y 值到 G 点，延长放码 1.7cm，复制 G 点到 F 点，背扣宽放码值为 0（图5-46）。

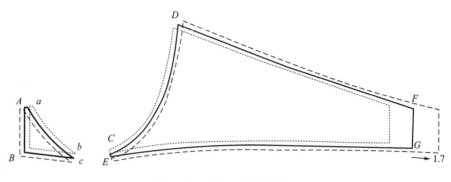

图 5-46　鸡心、后比放码二

三、同杯不同号之间的放码（罩杯尺寸不变，围度大小变化）

同杯不同号是指文胸罩杯的大小相同，但是其下胸围的大小相异。为了减小罩杯级别数量，将不同级别的罩杯之间，做通码处理（原则上，这是错误的做法。目前，量身定制款已经不再遵循这个规则）。从罩杯通码表，可以知道70D、75C、80B、85A等号型罩杯的大小是相同的。因此，这时的放缩只是考虑下胸围的放码，其他部位不变。

1. 有下围（下扒）文胸鸡心与侧比的放码

（1）同钢圈放码规则，放杯底（捆碗）线，鸡心位 Y 值为 0，侧位顺延 0.25cm 达到杯底（捆碗）1.2cm 放缩量（图 5-47）。

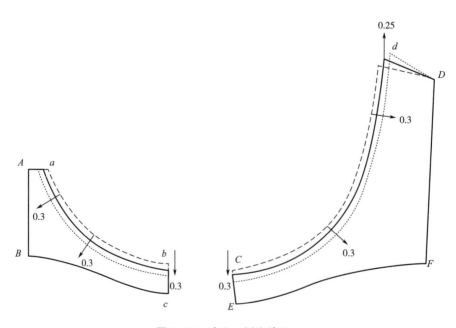

图 5-47　鸡心、侧比放码一

（2）复制 *a* 点到 *A* 点，*B* 点按鸡心高档差 0.3cm 顺延放码，复制 *b* 点到 *c* 点。

（3）复制 *C* 点到 *E* 点，复制 *d* 点到 *D* 点，复制 *D* 点到 *F* 点，*F* 点按照侧比（侧骨）档差 0.5cm 顺延放码（图 5-48）。

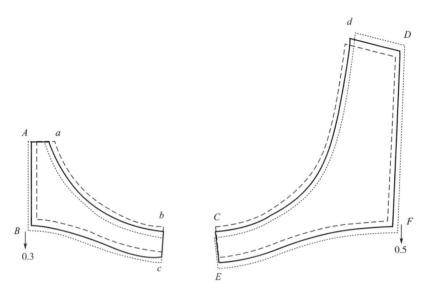

图 5-48　鸡心、侧比放码二

（4）复制 *D* 点到 *G* 点，复制 *F* 点到 *H* 点。

（5）*J* 点放缩根据下脚档差 4cm，一半为 2cm，*B* 点 *x* 值为 0cm。复制 *H* 点 *Y* 值到 *J* 点，延长放码 2cm。复制 *J* 点到 *I* 点，背扣宽放码值为 0。复制 *I* 点到 *g* 点，*g* 点按照后带距 0.5cm 顺延放码（图 5-49）。

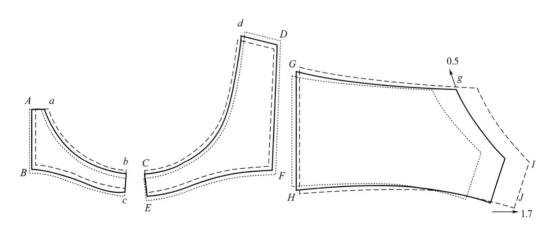

图 5-49　鸡心、侧比后比放码

2. 无下围（下扒）文胸鸡心与侧比的放码

（1）同钢圈放码规则，放杯底（捆碗）线，鸡心位 Y 值为 0，侧位顺延 0.25cm 达到杯底（捆碗）1.2cm 放缩量。

（2）复制 a 点到 A 点，B 点按鸡心高放码 0.3cm，复制 b 点到 c 点（图 5-50）。

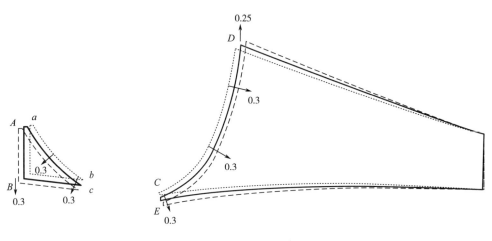

图 5-50 鸡心、后比放码一

（3）复制 C 点到 E 点，J 点放缩根据下脚档差 4cm，一半为 2cm，B 点 x 值为 0cm，则 G 点放码值为 2cm。复制 E 点 Y 值到 G 点，延长放码 2cm，复制 G 点到 F 点，背扣宽放码值为 0（图 5-51）。

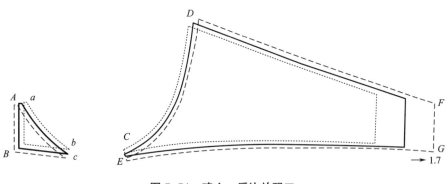

图 5-51 鸡心、后比放码二

文胸尺码范围，涵盖 A、B、C、D 等多个级别。不同级别之间的转换，即可按照此规律进行（图 5-52）。例如，将 80B 转为 75C，只需要将后比尺寸减小 2cm，后带距减小 0.5cm 即可。

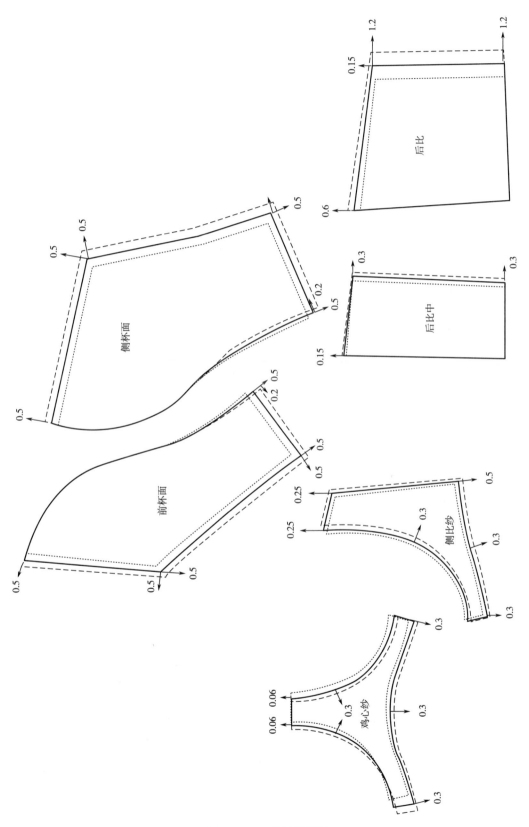

图 5-52　工业纸样放码

第四节　内裤纸样的放码原则

内裤纸样的放码也体现在纵横两个方向上。

围度：内裤腰围是以臀围为基础进行尺寸设定的，人体成衣尺寸是以 6~8cm 为一个档差，同样是由于内裤面料的高弹性，其实际档差取 4~5cm；前后裆宽，通常这一部位尺寸较小，没有实际控寸放缩意义，多用通码，平脚裤、束裤除外。

长度：前后裆长的档差实取 2cm，底裆长不具可分性，因而前后裆长的档差全部加到前后中长上，各为 1cm；侧缝一般没有实际控制尺寸，大多用通码，平脚裤、束裤除外。平脚裤中，侧缝档差 1cm，脚口档差 1cm。

一、基本三角裤放码（图 5-53）

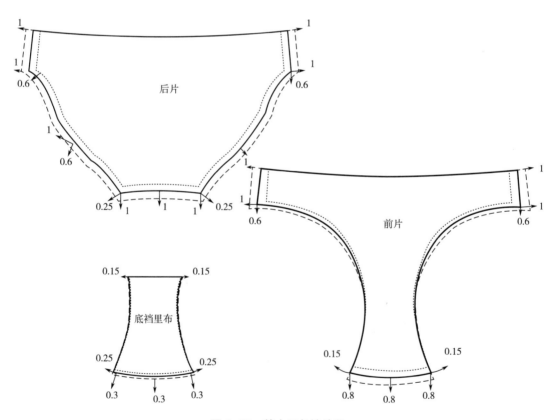

图 5-53　基本三角裤放码

二、前片连裆三角裤放码（图5-54）

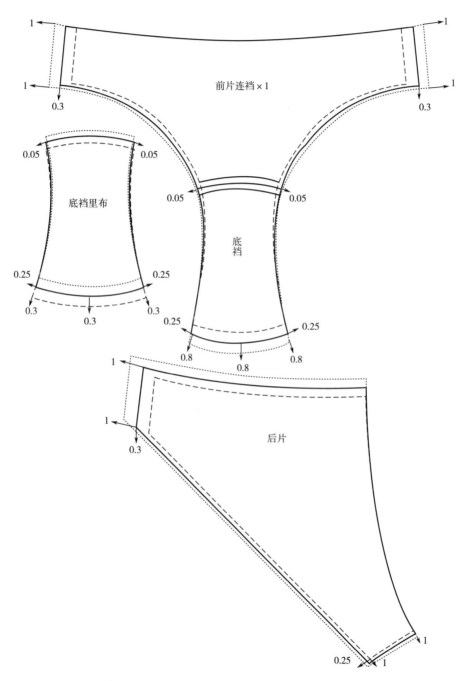

图5-54 前片连裆三角裤放码

三、丁字裤放码（图 5-55）

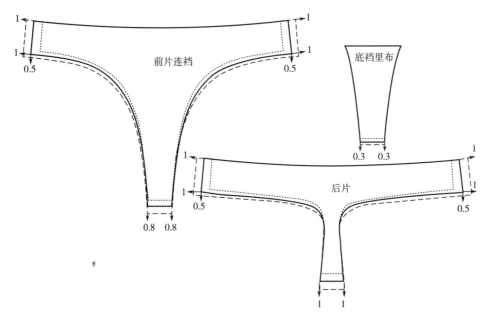

图 5-55　丁字裤放码

四、花边裤放码（图 5-56）

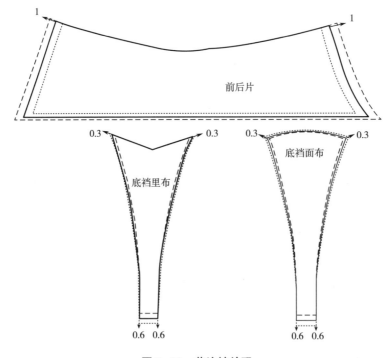

图 5-56　花边裤放码

五、平角裤放码（图5-57）

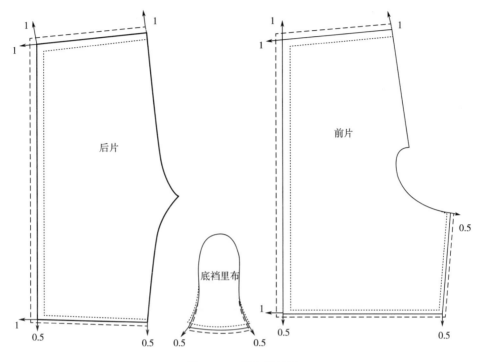

图5-57 平角裤放码

第五节 家居服纸样的放码原则

一、女保暖内衣

1. 款式图（图5-58）

图5-58 女保暖款式图

2. 放码档差（表5-10）

表5-10 各部位放码档差　　　　　　　　　　　　　　单位：cm

序号	部位	155/80~160/85~165/90~170/95~175/100			
		档差	档差	档差	档差
1	横开领	0.4	0.4	0.4	0.4
2	肩宽	1.4	1.4	1.4	1.4
3	胸围	5	5	5	5
4	颈侧点至袖窿深线	0.8	0.8	0.8	0.8
5	袖窿深（直量）	0.6	0.6	0.6	0.6
6	衣长	2.5	2.5	2.5	2.5
7	袖山高	0.5	0.5	0.5	0.5
8	袖长	1.5	1.5	1.5	1.5
9	袖口	1	1	1	1

3. 衣身放码（图5-59）

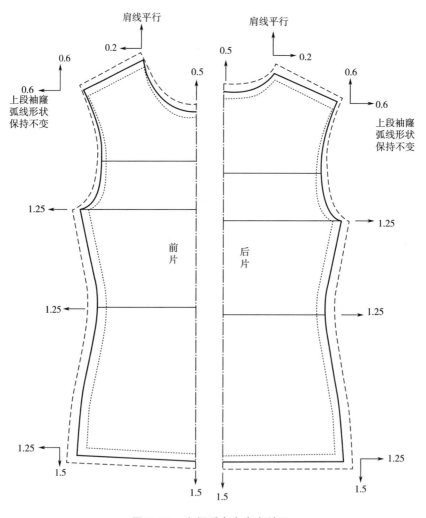

图5-59　女保暖内衣衣身放码

4. 袖放码（图 5-60 ）

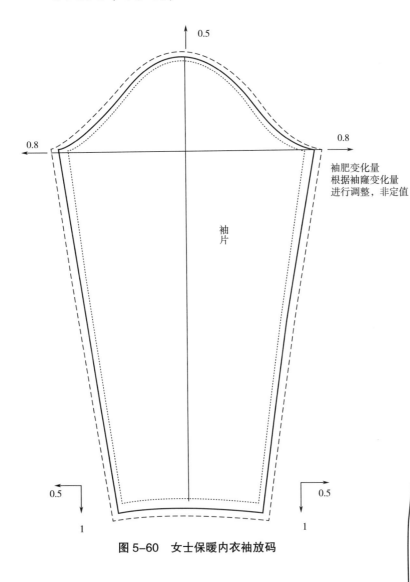

0.5

0.8

0.8

袖肥变化量
根据袖窿变化量
进行调整，非定值

袖片

0.5

0.5

1

1

图 5-60 女士保暖内衣袖放码

二、女保暖裤

1. 款式图（图 5-61 ）

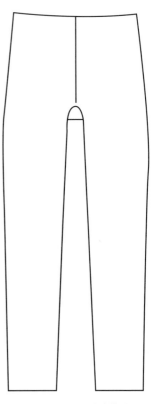

图 5-61 女保暖裤款式图

2. 裤细节图（图 5-62）

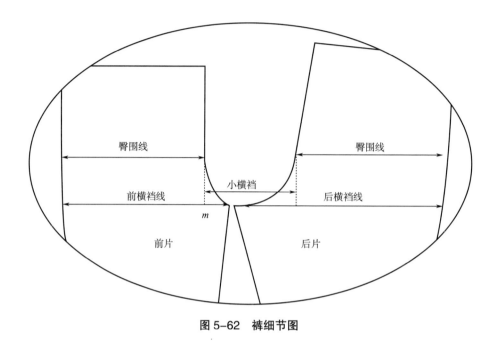

图 5-62 裤细节图

3. 放码档差（表 5-11）

表 5-11 各部位放码档差　　　　　　　　单位：cm

序号	部位	155/80~160/85~165/90~170/95~175/100			
		档差	档差	档差	档差
1	腰围	4	4.8	5.6	6.4
2	臀围	4	4.8	5.6	6.4
3	横裆线长	2.6	3	3.6	4.2
4	小横裆长	0.6	0.6	0.8	0.8
	底裆长（浪长，独立浪）	0.6	0.6	0.8	0.8
5	直裆	1	1	1	0
6	裤长	3	3	3	0
7	脚口	1	1	1	1

4. 裤放码（图 5-63）

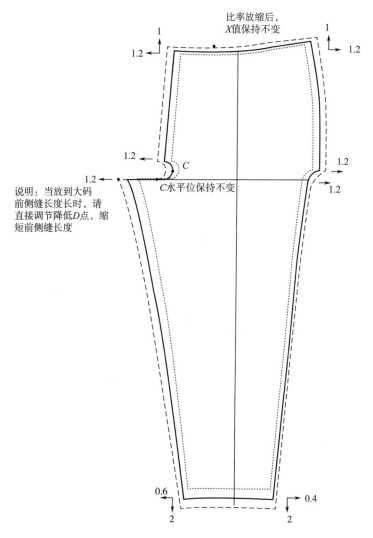

说明：当放到大码前侧缝长度长时，请直接调节降低D点，缩短前侧缝长度

图 5-63　女保暖裤裤片放码

5. 裤底裆放缩示意图（图 5-64）

N点位置图

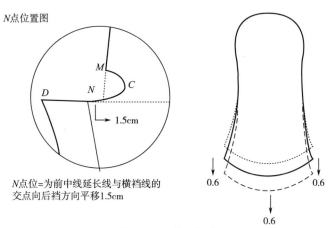

N点位=为前中线延长线与横裆线的交点向后裆方向平移1.5cm

图 5-64　放码细节图

三、男保暖内衣

1. 款式图（图 5-65）

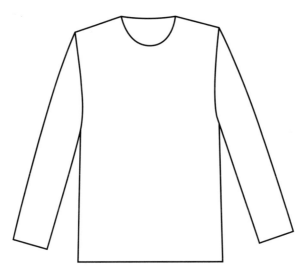

图 5-65　男保暖内衣款式图

2. 放码档差（表 5-12）

表 5-12　各部位放码档差　　　　　　单位：cm

序号	部位	170/95~175/100	175/100~180/105	180/105~185/110	185/110~190/115
		档差	档差	档差	档差
1	横开领	0.4	0.4	0.4	0.4
2	肩宽	1.4	1.4	1.4	1.4
3	胸围	5	5	5	5
4	肩颈点至袖窿深线	0.8	0.8	0.8	0.8
5	袖窿深（直量）	0.6	0.6	0.6	0.6
6	衣长	3	3	3	3
7	袖山高	0.6	0.6	0.6	0.6
8	袖长	2	2	2	2
9	袖口	1	1	1	1

3. 衣身放码（图 5-66）

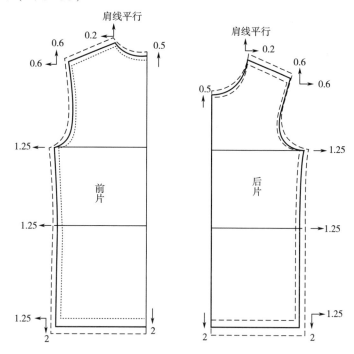

图 5-66　男保暖内衣衣身放码

4. 袖放码（图 5-67）

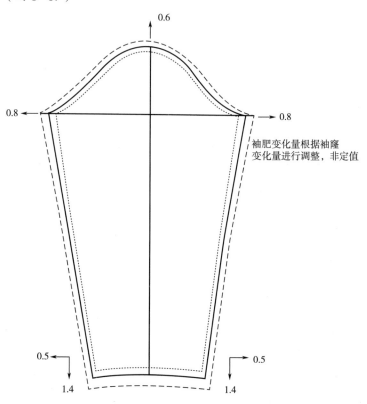

图 5-67　男保暖内衣袖放码

四、男保暖裤

1. 款式图（图 5-68）

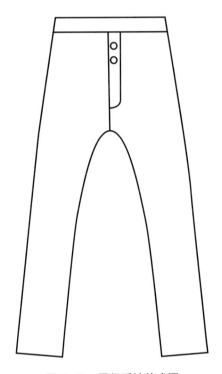

图 5-68　男保暖裤款式图

2. 放码档差（表 5-13）

表 5-13　男保暖裤各部位放码档差　　　　　　　　单位：cm

序号	部位	170/95~175/100	175/100~180/105	180/105~185/110	185/110~190/115
		档差	档差	档差	档差
1	腰围	4	4	4	4
2	臀围	4	4	4	4
3	横裆长	2.8	2.8	2.8	2.8
4	小横裆长	0.8	0.8	0.8	0.8
5	直裆	1	1	1	0
6	裤长	3	3	3	0
7	脚口	1	1	1	1

3. 裤放码（图 5-69）

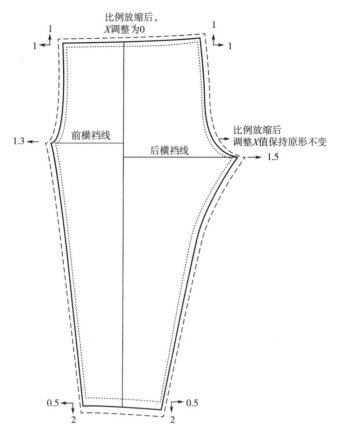

图 5-69　男保暖裤裤片放码

五、家居服

1. 款式图（图 5-70、图 5-71）

图 5-70　家居服上衣款式图

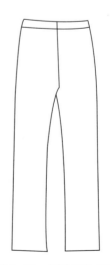

图 5-71　家居裤款式图

2. 放码档差（表5-14~表5-17）

表5-14　女家居服上衣各部位放码档差　　　　　　单位：cm

序号	部位	160/88~165/92 档差	165/92~165/96 档差	165/96~170/100 档差
1	横开领	0.4	0.4	0.4
2	肩宽	1.6	1.6	1.6
3	胸围	5	5	5
4	袖窿深（直量）	0.6	0.6	0.6
5	肩颈窿点至袖窿深线	0.8	0.8	0.8
6	衣长/上衣	2.5	2.5	1
	衣长/短裙	3	3	1
	衣长/长袍	4	4	1
7	袖山高	0.5	0.5	0.5
8	袖长	1.5	1.5	1.5
9	袖口	1.5	1.5	0.5

表5-15　女家居裤各部位放码档差　　　　　　单位：cm

序号	部位	160/72~165/76 档差	165/76~170/80 档差	170/80~175/85 档差
1	腰围	4	4.8	5.6
2	臀围	4	4.8	5.6
3	小横裆长（前/后）	0.6（0.2/0.4）	0.6（0.2/0.4）	0.6（0.2/0.4）
4	前横裆长	1.4	1.4	1.4
5	后横裆长	1.7	1.7	1.7
6	直裆	1	1	1
7	裤长	3	3	1
8	脚口	1.4	1.4	1.4

表5-16　男家居服上衣各部位放码档差　　　　　　单位：cm

序号	部位	170/96~175/104 档差	175/104~180/108 档差	180/108~185/108 档差	185/108~190/112 档差
1	横开领	0.4	0.4	0.4	0.4
2	肩宽	1.6	1.6	1.6	1.6
3	胸围	5	5	5	5
4	袖窿深（直量）	0.6	0.6	0.6	0.6
5	肩颈点至袖窿深线	0.8	0.8	0.8	0.8
6	衣长/上衣	3	3	3	1
	衣长/长袍	4	4	4	1
7	袖山高	0.5	0.5	0.5	0.5
8	袖长	1.5	1.5	1.5	0.5
9	袖口	1.4	1.4	1.4	1.4

表 5-17　**男家居裤各部位放码档差**　　单位：cm

序号	部位	170/86~175/90	175/90~180/94	180/94~185/98	185/98~190/102
		档差	档差	档差	档差
1	腰围	5	5	5	5
2	臀围	5	5	5	5
3	小横裆长（前 / 后）	0.6（0.2/0.4）	0.6（0.2/0.4）	0.6（0.2/0.4）	0.6（0.2/0.4）
4	前横裆长	1.4	1.4	1.4	1.4
5	后横裆长	1.7	1.7	1.7	1.7
6	直裆	1	1	1	1
7	裤长	3	3	3	1
8	脚口	1.4	1.4	1.4	1.4

3. 衣身放码（图 5-72）

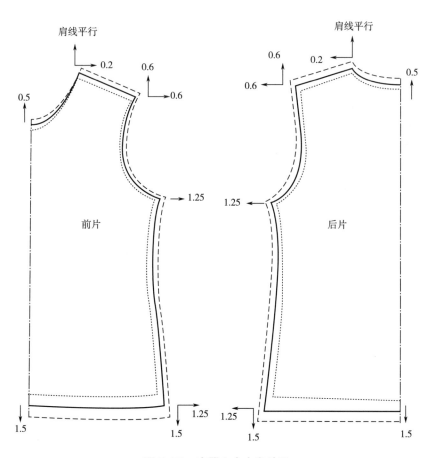

图 5-72　**家居上衣衣身放码**

4. 袖放码（图 5-73）

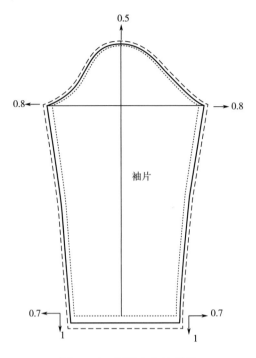

图 5-73　家居上衣袖放码

5. 裤放码（图 5-74）

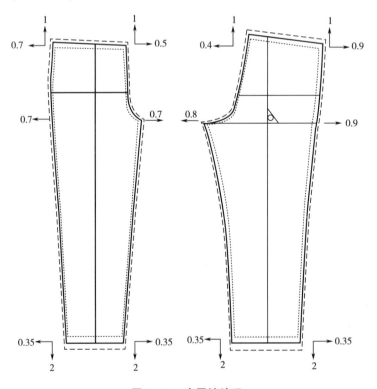

图 5-74　家居裤放码

参考文献

［1］中泽愈.人体与服装［M］.袁观洛，译.北京：中国纺织出版社，2003.

［2］魏雪丽，魏丽.服装结构原理与制板推板技术［M］.北京：中国纺织出版社，2005.

［3］王海亮，周邦桢.服装制图与推板技术［M］.北京：中国纺织出版社，1992.

［4］史林.服装工艺师手册［M］.北京：中国纺织出版社，2001.

致谢

　　本次修订，从开始修订到书稿结束，得到同行业各位领头人的关注与支持。现摘抄部分嘱咐刊出，再次感谢大家的关注与厚爱。特别感谢中国纺织出版社有限公司服装图书分社全体编辑的热心支持和帮助！

　　热烈祝贺印老师的《内衣结构设计教程》修订，在中国纺织出版社有限公司出版。印老师是内衣行业的技术中坚力量，是内衣结构设计领头人之一，多年来致力于内衣人才培育，为推动内衣行业发展，做出了巨大的贡献。

　　《内衣结构设计教程（第2版）》集结了印老师二十余年企业经验，理论体系完善，并结合企业最新工艺以及实际、流行时尚，在2006版基础上作了修订，是各大院校教学、企业专业技术人员、内衣结构及内衣设计人员学习参考的好教材。

湖南工程学院纺织服装学院教授

　　《内衣结构设计教程》自2006年问世后便深受大家欢迎，我校自2009年开设内衣结构与设计以来，一直使用此书作为教材。

　　此次修订在知识结构上重点增加了结构设计实例部分，删减了一些技术关联较弱的内容。根据十几年来的科技进步，本书在技术上，不仅一如既往地强调综合性、全面性和启发性，而且对先进的工艺有了更多的探讨和研究。书中的结构设计方法、纸样放码方法，突出实用、简洁、明了、精确的特点，使读者学成后能够变化灵活，举一反三。

　　热烈祝贺本书修订，相信经过修整和增删，本书会更加贴近内衣生产实际，更加结合现代生产技术，在内衣教学与生产中发挥很大作用！

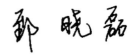

五邑大学服装设计学院高级实验师

　　印建荣老师《内衣结构设计教程》一书，经过多年的行业的实践积累，该书不仅在强调内衣全面性和技术性之外，并对当下内衣行业的前瞻性进行许多研究和分析。对于业内人士是一本很好的拓展视野之作。

东华大学服装设计与工程系教授

祝贺印建荣老师的著作《内衣结构设计教程（第2版）》出版发行！印老师从实践出发，经过多年的调研和准备，在第1版的基础上，将此书作了修正与完善。在知识结构上面，对先进的工艺有了更多的探讨和研究，使该书更具备综合性、启发性和全面性。本书适合于内衣结构设计教学和对内衣设计与生产技术人员的培训，对业内人士来说，不失为一本好教材。

四川大学服装与服饰设计学院教授

祝贺印建荣老师《内衣结构设计教程（第2版）》中新的制图方式，能够对业内人士有所帮助，对内衣技术的进步有所贡献。

江西服装学院服装设计与工程学院院长

祝贺印建荣老师的研究成果付梓出书，深表敬佩，期待拜读您的力作，先睹为快！

彭桂福
中国纺织品商业协会常务副会长
中国内衣委员会会长

中国内衣之所以能后来居上，从几乎一无所有，发展成为当下的世界内衣第一大国，是因为有很多默默耕耘的拓荒英雄，在为中国内衣的生产制造、营销创新、产品设计、品牌塑造、科技研发等做出艰辛的实践和智慧的探索。而这其中，内衣的板型设计教育，更是其中的重中之重，被誉为"内衣之芯"。印建荣教授20年前出版的相关心血专著，培养了大量的设计人才，为中国内衣的发展，做出了不可磨灭的巨大贡献。在此我祝愿《内衣结构设计教程（第2版）》的出版，能够再接再厉，启迪更多的内衣设计师，造福更多的中国人。

——内衣云总编

《内衣结构设计教程》自 2006 年问世后便深受大家欢迎，我校自 2006 年开设"服装数字化 CAD"课程及 2011 年开设的内衣专业方向，都借鉴了该书中的结构设计思路和方法。

热烈祝贺本书修订出版，相信经过修整和增删，本书会更加贴近内衣生产实际，更加结合现代生产技术，在内衣教学与指导生产中发挥很大作用！

惠州学院服装设计与工程学院教授

深耕学术·谙熟产业·砥砺前行。

印建荣老师的《内衣结构设计教程（第 2 版）》出版，在此我表示热烈祝贺！

在我看来，这是一本"紧跟时代，深度服务行业"的著作，一本书的价值归根于在相当长的时间内被读者认可，被行业赋予持续的生命力，以扎实的内容促进产业的进步。

印老师近卅年来，深耕内衣学术，竭尽全力向高峰攀行奋进，自 2006 年第 1 版问世以来，我认识的和听说的诸多读者都在国内内衣领域有了卓越的成就，为中国内衣产业的发展做出了突出的贡献。随着新时代的到来，内衣的新材料、新技术、新思维不断出现，印老师紧随行业趋势，谙熟产业，期待良久的《内衣结构设计教程》的第 2 版付梓。

通过本书可以看出，知识需要在实践中长期的积累，这是一位内衣工作者的职业素养，也是所有服装从业者精耕细作、善于创新的品行。希望每一位读者在本书中不仅学到了知识，更要学到专业的精神。不忘初心，砥砺前行。

再次祝贺《内衣结构设计教程（第 2 版）》出版！

西南大学纺织服装学院副院长
教育部高等学校纺织类专业教学指导委员会服装分委员会委员
中国纺织工程学会服装服饰专委会副主任

祝贺印建荣老师的著作《内衣结构设计教程（第 2 版）》出版发行！

《内衣结构设计教程》自 2006 年问世后便深受大家欢迎，我校自 2008 年创立中国大陆地区第一个内衣班以来，一直使用此书作为教材。期间两次邀请印老师来我校为内衣班学生讲课，受益匪浅。随着新技术、新材料的发展，第 2 版内容在知识结构和工艺技术上进行了修正与完善，更加符合现代内衣企业发展需求，是内衣生产和内衣教学中相关人员学习参考的好教材。

西安工程大学服装与艺术设计学院内衣系主任

祝贺印建荣老师的著作《内衣结构设计教程（第 2 版）》出版发行！板型设计是内衣设计的最重要环节，这么些年，在板型方面我们一直借鉴印老师出版过的内衣板型书籍进行探索，如何达到实用与美感相平衡，希望从第 2 版中能分享到更多的经验，从中获取新的知识。

由于内衣面料具有特殊性且弹性不同，及对其功能性与装饰性的双重性要求，相对外衣而言，内衣在松紧度和尺寸上把握应更加精确，内衣也要更加注重穿着体验，这对打板师的知识结构要求更加广泛，需要熟悉不同面料特性，从材料使用纹路、弹力方向等方面来设计板型，希望印建荣老师第 2 版书籍，能给内衣行业专业人员带来新的思维和方法！

中原工学院服装设计与工程学院院长

祝贺印建荣老师《内衣结构设计教程（第 2 版）》出版发行，相信该书的发行对业内人士会有所帮助，对内衣技术的进步及人们的健康会有所贡献。

湖南海特医疗董事长

听闻印建荣老师《内衣结构设计教程》修订的第2版出版，为此表示衷心祝贺！一个人一生专心致志于一件事已是不易，如果将一件事做到了极致，那是不简单，更是难能可贵，印建荣老师在内衣结构的研究方面做到了！

大连工业大学服装设计与工程学院教授

梅花香自苦寒来，宝剑锋从磨砺出。

祝贺印建荣《内衣结构设计教程（第2版）》出版，感谢印老师对广东汕头时佳实业"奥丝蓝黛"品牌的关心，对"新海花边"设计的支持！

张植强

广东汕头时佳实业有限公司董事长

鸣谢本书图片支持单位

本书在修订的过程中，得到了广东汕头时佳实业有限公司的鼎力支持，书中的素材以及多数实际数据，均在广东汕头时佳实业有限公司的创新研究室进行并得到试身验证。

广东汕头时佳实业有限公司创立于 1995 年（前身是从 1988 年开始，就已经是生产内衣的厂家），是集专业设计、生产、销售于一体的中高档内衣企业。秉承"让高雅走向大众"的经营理念，并以传播内衣文化知识为己任，所生产销售的"奥丝蓝黛""奥V""丝芙丽""黄金身段"等品牌内衣更以原创的精神、时尚的个性化风格，深受广大爱美女性们的好评。

羽棉内衣展示（图片来源：奥斯兰黛品牌内衣）

羽棉内衣三件套（文胸、吊袜带、内裤）

羽棉文胸分为5层：

亲肤层、羽棉层、挺撑层、

保护层、精饰层

（图片来源：奥斯兰黛品牌内衣）

羽棉隐形文胸、小平角裤（图片来源：奥斯兰黛品牌内衣）

羽棉深"V"文胸、中腰三角裤（图片来源：奥斯兰黛内衣品牌）

羽棉托胸文胸、中腰三角裤

羽棉内衣与普通内衣的区别：两者之间的根本区别在于"软"与"硬"的穿着感。羽棉内衣显著的优势是它的柔软性，手感柔软，软而不塌，立挺有型，拥有着"轻、柔、软、挺"四大特点
（图片来源：奥斯兰黛品牌内衣）